300＋城大創新社群

300+
城大創新社群

香港城市大學出版社
City University of Hong Kong Press

項目統籌　　陳明慧
撰著整理　　鄭傳鍏
封面及版式設計　　蕭慧敏
排　　版　　雷詠嫻、陳先英
攝影錄像　　彭璐斯、李宇琪、吳坤澤（香港城市大學創意媒體學院二年級）
編輯助理　　楊慶霆（香港城市大學公共及國際事務學系三年級）
梁子聰（香港城市大學英文系二年級）

鳴謝
本書承蒙香港城市大學高級副校長室（創新及企業）協助促成，謹此致謝。

國際統一書號：978-962-937-693-2

出版
香港城市大學出版社
香港九龍達之路
香港城市大學
網址：www.cityu.edu.hk/upress
電郵：upress@cityu.edu.hk

Cultivating Change in Our Community: 300+ Tech Startups
(in traditional Chinese characters)

ISBN: 978-962-937-693-2

Published by
City University of Hong Kong Press
Tat Chee Avenue
Kowloon, Hong Kong
Website: www.cityu.edu.hk/upress
E-mail: upress@cityu.edu.hk

Printed in Hong Kong

城創系列

近年，「初創」成為香港的熱門話題，創業文化愈趨濃厚，整個初創環境愈來愈成熟，形成生氣蓬勃的生態圈。香港更有不少企業脫穎而出，獲得耀眼的成績，甚至打入國際市場，成為「獨角獸」企業。

本系列通過訪問香港不同行業具代表性的企業創辦人，以及初創生態圈的各種範疇的持份者，期望通過初創企業人創業及經營業務的真實故事，以及持份者的專業意見與建議，讓那些計劃創業、正在創業或創業途中遇到困難的人有所啟發，鼓勵年輕創業人勇敢追夢。

編輯委員會

總序

世界在變。近年科技的發展快速得教人目眩，科技創新的力量正在重構社會各個領域。迎接科技，已是時代的必然選擇。國家主席早在2018年明確支持香港成為國際創新科技中心，香港特區政府及社會各界近年對初創企業的支持更是廣泛。青年人創意無限，初創企業的出現和發展，不僅能提升香港整體的創科水平，更能吸納新世代人才，鞏固香港作為超級聯繫人的角色，成為匯聚大灣區人才資金和技術，接通國際的理想橋樑和平台。

初創企業要成功，除了青年人創意無限的創新想法，學界培育也是重要一環。香港城市大學一直堅定地站在前沿。2021年，港城大創辦大型創新創業計劃 HK Tech 300，通過結合港城大社群和香港社會各界的力量，為正在萌芽階段的初創團隊提供關鍵的種子基金支持；短短三年，HK Tech 300計劃已拓展至內地及亞洲地區，進一步提升港城大創新品牌的影響力。2024年，在港城大30周年誌慶之際，我們又成立了港城大創新學院，希望能繼續推動初創企業和創新科技融入社區，為社會帶來實質的改變和福祉。

黃嘉純 SBS JP
香港城市大學校董會主席

香港城市大學出版社特意策劃了這套「城創系列」叢書，不論是專訪本地成功的創科企業「話事人」，還是HK Tech 300培育的初創企業，其中無不折射出一個共同的主題——年輕人的創新力量。他們憑藉過人創新的思考、堅毅的精神，正在一步步實現屬於自己的新天地，為香港的創科生態和經濟發展注入了新動力，給予對創新創業感興趣的年輕一代以啟發。

愛因斯坦曾說：「想像力比知識更重要。」在這個充滿無限可能的時代，我們較任何時候都有更廣闊的想像空間。創新創業，不只是事業機遇，更是開拓未知新世界的契機。在這個瞬息萬變的時代，我們更需要具創新創意的年輕人，為香港注入全新活力，成為改變世界的其中力量！

黃嘉純

總序

創新和創業對於社會的發展至關重要，不僅能創造經濟價值，還能推動社會進步。2021年，香港城市大學推出了大型旗艦創新創業計劃，名為HK Tech 300，以三年內創造出300間初創公司為目標。截至2024年6月，計劃已培育出超過700支初創團隊及公司，為城大學生提供多元化的教育及自我增值機會，更重要是將城大的研究成果及知識產權轉化為實際應用。今年年初，城大又成立創新學院，提供一系列創新創科課程，以培育更多科創人才及深科技初創企業。

香港擁有不少成為國際創科中心的有利條件，包括資金及資訊自由流動，大學在科研方面有良好的基礎，加上香港特區政府對初創企業的扶持力度不斷加大，各界也紛紛追求創新技術，對青年人來說，現在是一個絕佳的時機去實現創新夢想。

楊夢甦
香港城市大學高級副校長（創新及企業）
楊建文生物醫學講座教授

在這個創新的浪潮中，香港城市大學出版社策劃「城創系列」叢書，通過分享來自創業初期和成熟發展的初創企業家，以及各行各業的專業人士的寶貴經驗和智慧，激勵和指導年輕一代，鼓勵他們跨越困難，追求自己的創業之路。

創業確實並非一條容易的道路，但它是充滿挑戰和機遇的旅程。青年人應該敢於冒險，勇於嘗試，並學會從失敗中獲取寶貴的經驗教訓。不要害怕失敗，因為每一次失敗都是取得成功的一個步驟。我相信每一位年輕的創業者都有無限的潛力和能力，只要保持積極的心態、持之以恆地向目標進發，總能獲得豐碩的成果。

總序

我與香港城市大學的緣分，從「達之路」開始，2020年，香港城市大學出版社與我一同合作出版有關我爺爺故事的專著《余達之路》。自此，我與城大出版社開展了各式各樣的合作，去年我有幸參與策劃「城傳系列」叢書，邀請了與城大頗有淵源的社會賢達，分享他們的人生故事，冀能啟發年青一代勇敢追夢。

青年是社會未來的主人翁，近年我有幸加入香港特別行政區政府不同的委員會，包括青年發展委員會、扶貧委員會、關愛基金、兒童事務委員會等。在不同場合與香港青少年朋友交流時，了解到他們雖然對自己的未來有許多想法，甚至也有創業的念頭，但在實踐時偶爾會感到迷茫無助，無從下手。

余皓媛 MH
香港城市大學顧問委員會成員
青年發展委員會委員
兒童事務委員會委員

我深信，創新精神在不同時代都具有重要價值，而創新與科技更是社會發展的原動力。如今，我們生活在一個全球政經環境不斷變化、產業結構日新月異的時代，年輕人所能選擇的發展路向也十分多樣。在與香港城市大學出版社討論時，我們十分欣賞社會上許多初創企業的斐然成就和卓越表現，相信他們的故事，對於青年人創新創業具有重要的指導作用和借鑒價值。另一方面，香港有成熟健全的初創生態圈，圈內各持份者一環緊扣一環，陪伴初創企業一同成長，可見年輕的創業人不是單打獨鬥的，只要對圈內各界有充分認識與聯繫，便能提高創業成功的機會。

總序

有見及此，香港城市大學出版社特意策劃了這套「城創系列」叢書，包括《初創生態101》、《6+創新態度》及《300+城大創新社群》。《初創生態101》是一本初創企業的入門必讀書，此書訪問了初創生態圈中不同界別的專家，以其專業的知識和分享，為有志投身初創的人士解答方方面面的問題及提供貼士，協助他們踏出創業的第一步。《6+創新態度》專訪了多位十分成功、甚至是在全球有亮眼成績的初創企業，記述他們的創業經歷和心得。《300+城大創新社群》訪問了香港城市大學HK Tech 300計劃中的初創企業及合作夥伴，從中可見產、學、研的重要性。

香港城市大學自成立以來急速發展，成為全球知名的學府之一，以其創新思維和卓越教育聞名。「城創系列」正正集創新與教育思維於一體，我期望此系列叢書能讓年輕人跨出舒適區，把握創業的機遇，實現抱負。相信香港蓬勃發展的創科和初創產業，將會為國家整體經濟的可持續增長作出貢獻。非常感激社會各界對「城創系列」叢書的大力支持，讓這套叢書能順利問世。香港城市大學擁有豐富的人才和卓越的學術團隊，能參與這個項目，我深感榮幸。

余皓媛

總序

啟發及培育年青一代是教育的使命。香港城市大學出版社於2023年先後推出兩套叢書，包括以展現城大學者故事為主題的「城儁系列」(CityU Legacy Series)，邀請了城大中文及歷史學系的國際級傑出學者張隆溪教授，分享其傳奇的學術人生；其後推出「城傳系列」(CityU Mastermind Series)，專訪兩位與城大甚有淵源的社會賢達——香港科技園公司董事局主席查毅超博士，以及香港中華廠商聯合會會長史立德博士，記錄他們鍥而不捨、奮發向上的人生經歷，藉此勉勵年輕一代創出一片新天地。叢書出版後引起了社會各界的關注，並獲教育及文化界人士一致好評。

2024年初，我和本社作者余皓媛女士討論如何深化推動人才培育與傳承。余女士自2019年開始是城大顧問委員會成員，同時出任特區政府青年發展委員會委員，一向深切關注香港下一代的發展；大家也不約而同想到「年輕人科創追夢」這熱議題，而城大自2021年起舉辦創新創業計劃HK Tech 300，至今年年初更

陳家揚
香港城市大學出版社社長

成立「城大創新學院」，都體現了城大同仁同心協力，為年輕一代提供初創資源和推動香港初創生態發展的目標。然而，不少年輕一代懷抱初創夢，但未必知道如何將初創理想「落地」。此乃「城創系列」(CityU TechVentures Series) 叢書之出版緣起。

叢書初擬出版新書三本，包括：

《300+ 城大創新社群》——訪問了城大 HK Tech 300計劃中的八間初創企業，以及六個合作夥伴，探討產、學、研之間多元有機之互動；

《6+ 創新態度》——專訪了六位資深初創企業創辦人。他們的創業經歷並非順風順水，但卻依靠獨到的眼光和不怕失敗的毅力脫穎而出；

《初創生態101》——以問答形式呈現，邀請不同界別的專業人士，解答初創企業在開辦之初可能遇見的問題。

總序

成書過程中走訪了不少與初創有關的業界精英，言談中他們常常提到一個共通點，就是為了取得成功，要有「敢想敢闖」的態度；或許受其感染，激勵了我們一直勇往直前，儘管成書時間短、採訪用時長、叢書規模大，但團隊憑着熱忱和決心，最終亦能成功把這些精彩故事，呈現在讀者面前，對此我至感欣慰。

叢書得以順利付梓出版，我由衷感謝城大校董會主席黃嘉純先生，以及城大高級副校長（創新及企業）楊夢甦教授的全力支持；余皓媛女士在百忙中協助聯繫各界精英並參與面談，對此深表謝意。還要感謝城大校董會秘書唐寧教授、城大傳播及媒體講座教授黃懿慧、城大創新學院院長、電機工程學系講座教授謝志剛的支持和鼓勵。最後，更要感謝城大高級副校長室（創新及企業）一眾同事的協力促成，以及各位參與此出版計劃的專家學者及工作人員，在此再致以衷心的謝意。

這套叢書以圍繞「connect」一詞來設計，代表了出版社、初創企業，與年輕一代讀者之緊密連繫；書名中的「+」，則代表着我們對「城創系列」叢書繼續壯大的殷切期許。期待未來能夠邀請更多的初創企業家和相關人士，記錄創新創業之路上的跌宕起伏，為青年和社會帶來更多的啟發和思考。

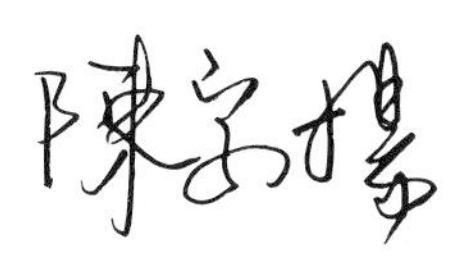

1

創業之旅的引路者

HK Tech 300

為什麼大學的科研成果難落地？
香港城市大學高級副校長（創新及企業）楊夢甦教授解釋：
「大學的基礎科研成果要轉化成商品，
需要一個完整的平台和生態圈，
幫助跨越轉化過程中的『死亡之谷』。」

作為香港乃至亞洲最大的大學創新創業計劃，香港城市大學的 HK Tech 300 引人注目的地方除了其規模和魄力，更因為它觸到了香港經濟發展的痛處。工廠林立的製造業時代已成遙遠的記憶。另一方面，香港有五間排名世界前一百的大學，研究成果卓著，得到的美國專利數量也在世界前列，每年畢業的理工科研究生亦數以千計。但在這科研底子深厚、財力充沛的環境，一直未能發展出相應的高科技產業。可見這中間有環節缺失，阻礙着科技轉化為生產力。

「香港的大學有許多傑出的科研成果，包括美國、中國內地等世界多個國家和地區的專利，大部分處於閑置狀態，並沒有被轉化成為實際應用去產生足夠的社會和經濟效益。」楊夢甦指出，「城大有 1,600 多項專利，每年還有數以百計的專利申請，這些優質資產並沒有被充分利用。」他見慣了同事、學生多年創意研究的心血結晶，在論文發表、專利獲批後，就被冷落一旁，白白浪費有價值的科研成果。他主持的 HK Tech 300，就是要協助城大師生、校友乃至社會人士創業，把城大數以千計的知識產權和專利轉化「落地」，合力打通「缺失環節」，推動香港高科技產業的發展。

創新落地的死亡之谷

楊夢甦引述了一句香港工商界的口頭禪：「High tech 揩嘢，Low tech 撈嘢」，這句話反映了本地業界過去數十年經驗之談 —— 開發高科技產品多數失敗，搞低科技產品才能賺錢。為什麼會有這個現象？「因為要從大學的科研成果轉化成商品，需要一個完整的平台和生態圈，來幫助其跨越轉化過程中的『死亡之谷』。」楊夢甦進一步解釋，大學進行的科技研究、創新發明是「從 0 到 1」的概念驗證工作，之後把「從 0 到 1」的實驗室理論成果轉化為應用，就是非常艱難的過程，大多數成果轉化就失敗在這一過程，也就是所謂的「死亡之谷」。「由企業引進大學科研成果，進一步開發為商品，是科研成果『落地』的途徑之一。而『落地』需要一個消化、轉化的過程，大多數公司缺乏相關資源、技術能力與耐心，盈利為先的企業通常不願在這階段冒太大風險。」這個成果轉化的「死亡之谷」，夾在由政府投入資源的基礎研究與企業投入資源的產品研發和商品化之間，既非政府或企業關注的重點，得到的資源也就最少。

另一條「落地」的途徑是：由風險投資支持的初創企業將科研成果轉化。只是在初創企業的種子及天使輪階段，雖然科技的創意或概念已經得到證明，但是如何將其做成產品和商品、建立成功的商業模式並不容易。這段時間初創企業沒有收入，只有不斷的資金投入，風險高且回報不確定，於是也形成了一個「死亡之谷」。這是所有初創企業都要面對的關鍵問題。這兩個「死亡之谷」是阻礙香港科技產業發展的大短板，是香港多年來雖然坐擁幾大世界名校與龐大財政資源，依然沒有發展出高科技產業的原因之一。

主動播種 多元合作

楊夢甦表示，HK Tech 300 計劃就是要由城大主動播種，做初創企業的第一個天使，協助初創團隊度過初創啟動、種子輪和天使輪這些科技創新落地最困難的階段。2021 年成立時，計劃的目標是：「於三年內創造出 300 間初創企業，為城大學生提供多元化的教育及自我增值機會，同時將城大的研究成果及知識產權轉化為實際應用。」但事實是，截至 2024 年 6 月，HK Tech 300 已培育超過 700 支創業隊伍，其協助青年人創意啟航，創建城大的初創生態圈、建立創新社群的決心可見一斑。

整個計劃首先是專業創業培訓強化課程，參加的團隊可以申請 10 萬港元的種子基金。成功申請種子基金的團隊，得到的資金將用於製作原型和製定商業計劃。種子基金初創團隊其後可以申請天使基金，由城大代表、專業投資人士和初創生態系統專家組成的評選小組進行評估選優，給予入圍團隊可高達 100 萬港元的天使投資，並協助其成立公司，開始創業旅程。

HK Tech 300 相比其他創業計劃有什麼特別？楊夢甦總結了以下的六點：

1. **規模** —— 這是香港以至亞洲最大的高等院校創新創業計劃。
2. **開放** —— 計劃不單向城大員工、學生和校友開放，任何想利用城大專利技術發展初創業務的人士都可參加。現時，參加的初創團隊中有約百分之四十為城大學生（包括本科生、碩士生、博士生、博士後）及科研人員，約百分之四十為城大校友（畢業八年內），還有百分之二十是利用城大專利技術的公眾人士。
3. **技術導向** —— 大多數參與計劃的初創企業都得到城大科研成果和專利的支持，將城大的知識產權轉化為實際應用。雖然未必每項科研成果都可以轉化成功，但至少要給這些束之高閣的研究論文和專利技術一個落地的機會。
4. **生態系統** —— 與政府、產業界、投資界建立了合作網絡，包括與創新科技署、投資推廣署、香港總商會、香港中華

HK Tech 300 於 2021 年成立，短短三年間計劃已先後拓展至內地及東南亞地區，並剛於 6 月舉行「HK Tech 300 東南亞創新創業千萬大賽」頒獎典禮。圖為 2023 年 5 月於馬來西亞吉隆坡舉行的東南亞創新創業大賽啟動禮，此大賽旨在推動東南亞的初創企業拓展業務至香港及內地，同時協助香港的初創企業開拓東南亞市場。

總商會、香港工業總會、香港中華廠商聯合會、香港科技園和數碼港等主要的政府和產業組織，建立了戰略合作夥伴關係，並與九十多家專業和行業的企業及機構成為創新創業合作夥伴。此外計劃還邀請超過 180 位成功企業家、行業領袖及經驗豐富的高管自願擔任計劃的創業導師，創建城大的創新社群。其中一個成功的案例是與香港科技園的戰略合作，香港科技園與 HK Tech 300 共同甄選初創團隊，科技園通過其 Ideation 計劃向 HK Tech 300 的種子基金初創團隊提供額外 10 萬港元，同時 HK Tech 300 也成為向科技園各個孵化計劃輸入最多初創企業的本地大學。

5. **聯合投資** —— 除了城大投入六億港元外，計劃還先後與 15 個創新科技投資公司或基金，建立共同投資合作夥伴關係。這些來自各領域的聯合投資者，除了參與天使基金項目的投資，還以他們所屬領域的專業知識與商業經驗幫助孵化初創企業。其中，城大更與華潤創業設立科創投資平台，風險投資有潛力的 HK Tech 300 初創企業，並將這些初創開發的產品和服務引入華潤的業務網絡。

6. **影響力走出香港** —— 為進一步促進香港與內地的科創發展，城大於 2022 年推出首屆「HK Tech 300 全國創新創業千萬大賽」，第二屆大賽的賽區由 7 個內地城市擴展至 9

既是大學高級副校長，又是科研人員，楊夢甦希望，HK Tech 300 除了能讓大學的科研成果落地，還有培育、吸引、留住創科人才的效果。

個，吸引了數百家內地初創企業的參與，在內地創科圈具有極大的影響力。2023 年更與東南亞多所頂尖大學和孵化合作夥伴推出了「HK Tech 300 東南亞創新創業千萬大賽」，既協助當地初企利用香港的優勢和資源拓展香港和內地市場，亦協助 HK Tech 300 初企到東南亞尋求發展業務的機會。

推動創業 留住人才

除了能讓大學的科研成果落地，HK Tech 300 還有培育、吸引、留住創科人才的效果。楊夢甦指，大學有兩大類重要資產：一是科研成果，科研需要大量投入，申請和維持專利也需要成本，所以一定要推動科研成果轉化以產生社會經濟效益。二是人才，大學培養的人才若然無法學以致用，沒有發揮的地方，就等於大學的投入無法產生收益。他説香港的大學在培養科研人才上表現出色，但往往畢業生、尤其是理工科的，因為沒有機會施展自己的才能，他們畢業後多數都找份工作謀生，儘管工作可能跟自己所學的本科未必相關，甚或離開了香港，因為香港缺乏幫助他們學以致用的平台和生態。HK Tech 300 就是要給這些年輕畢業生一個發揮創意、學以致用的機會，楊夢甦指很多同學的本科、碩士、博士論文所涉及的研究都非常有創意，只是因為缺乏合適的條件和支持，沒法走出創業的第一步。於是多數人畢業後，就找一份工作謀生，做出的科研成果都被束之高閣。他認為，只要年輕有創意、有動機，就應該提供機會，協助他們走上創新創業之路。

創業先鋒 不怕失敗

事實上，楊夢甦本身就是大學師生創新創業的成功典範，他十多年前參與創立的初創企業 Prenetics，2022 年成功在納斯達克上市，現於亞非歐美四大洲多個國家開展業務，提供基因檢測服務和數碼醫療保健業務。2018 年，他與兩位博士生創立了專注於癌症篩查技術的晶准醫學 Cellomics，則獲得了《福布斯亞洲》「2023 亞洲最值得關注 100 家企業」、「2023 畢馬威中國生物科技創新 50 強」，以及「2023 德勤香港高科技高成長及明日之星」的肯定。楊夢甦將創業形容為充滿挑戰的旅程，並坦言，多數公司最後不會變成獨角獸，但他確信 HK Tech 300 一定有可殺出重圍的初創企業，「初創項目可能不成功，但是年輕創業人才在這個過程中得到鍛煉成長，他們就是將來業界和社會的棟梁。就算初次創業項目失敗，也可重頭來過；吸取經驗改善不足，下次成功的機會就更高。」

HK Tech 300

HK Tech 300 給初創新手的話

風險投資者都喜歡投資曾經失敗，二次甚或三次創業的人，因為他們不會再犯同樣的錯誤。初創者趁年輕，失敗一次可以再試第二次，就算又再失敗，第三次或許就能成功。

2

由實驗室走向城市角落的

i2Cool

停留在實驗室的技術無法真正改變世界。

i2Cool（創冷科技）行政總裁兼聯合創始人朱毅豪博士（Martin）說：

「要將研究成果變成產品，最大的挑戰是產能。

在實驗室將納米顆粒和乳膠漆混合，用一個燒杯就做到，但當實際應用，

塗滿一個天台要用很多桶油漆，實驗室的產量無法滿足，

需要尋找工業資源。」

地球暖化是人類面對的迫切問題。面對不斷上升的室內溫度，用開冷氣這種耗電的方法降溫，只會進一步加速暖化，形成惡性循環，猶如抱薪救火，人類社會急需節電的製冷產品。

香港城市大學能源及環境學院副教授曹之胤帶領的團隊，用了七年時間開發出零耗能、無需製冷劑的被動式輻射製冷塗料，但停留在實驗室的技術無法真正改變世界。因着 HK Tech 300 計劃啟動的契機，曹之胤的團隊經過孵化成為初創企業 i2Cool（創冷科技），在三年時間內迅速成長，將其無電製冷產品由油漆發展到薄膜、瓷磚、紡織品，應用範圍由建築推廣到運輸、能源等多個領域，備受眾人期待。

被動式輻射製冷塗料的誕生

i2Cool 行政總裁兼聯合創始人 Martin 稱，被動式輻射製冷塗料的研究開始於 2016 年，當時曹之胤教授的研究團隊正在找一些降低建築物溫度的方法。在炎熱潮濕的香港，需要大量電力空調製冷；根據機電工程署的數字，香港有超過 90% 的電力消耗來自建築物，其中又有超過 30% 來自冷氣機。若果有辦法降低冷氣機的耗電量，就能非常有效地減少耗電並推動碳中和，所以研究團隊最初集中研究如何減少冷氣機耗電。其中一個方向是釜底抽薪，降低整棟建築物的表面溫度，就不需要這麼多冷氣降低室內溫度。而建築物的表面溫度，主面來自吸收太陽光的熱量。

他們為尋找降低建築表面溫度的新材料，不斷研究不同的方向。當時他們發現生物學家在研究非洲銀蟻，這種螞蟻表面有種特別的毛髮結構，降低牠的體溫，讓牠可以在沙漠中生存。他們從非洲銀蟻身上得到靈感，將牠放進研究之中。研究團隊製作類似非洲銀蟻毛髮結構的納米顆粒，模仿牠這一功能——反射 95% 的太陽光，並把體內的熱量轉化成 8–13 微米的中紅外輻射，將這熱量散射到太空——把這些納米顆粒加進油漆裏面，油漆就可以實現製冷效果。

尋找成本低的製冷物料

被動式輻射製冷的研究方向有很多研究團隊在做，但實現製冷的技術路徑不一。有些科學家會將銀色的金屬物料，通過蒸鍍或電鍍的方法，鍍在一塊平面上，可以達到很高的反射率和輻射率。但這方法成本高昂，一小塊可能就要兩三萬港幣，另一些團隊則將建築物料做成多孔結構，也有類似的效果。但物料變得脆弱，應用上很不方便。曹之胤的團隊一開始也用其他團隊較常用的方法，將貴金屬鍍在薄膜上，但十厘米一小塊就要兩萬多港幣，成本顯然過高而不現實。他們之後通過研究光學理論，去找

非洲銀蟻耐熱的秘密

非洲銀蟻 (Cataglyphis bombycina) 生活在埃及到阿拉伯半島的沙漠地帶。一群科學家在 2016 年發表研究非洲銀蟻的文章，在用掃描式電子顯微鏡觀察牠銀色的毛髮後，發現這些毛髮截面為三角形，一面平滑，兩面呈皺摺狀。這種三角性毛髮結構，會把入射角為 35–90 度的可見光及近紅外線全部反射，同時又能將體內的熱量，以 8–13 微米波段的中紅外輻射散發出去。地球大氣層相當於一個保溫棉，會反射地表的紅外輻射，將熱量鎖住。而 8–13 微米是大氣層的紅外窗口，熱量可以通過這個波段散去太空，所以非洲銀蟻的毛髮結構起到既隔熱又散熱的作用。

非洲銀蟻

取代昂貴金屬、相對便宜的物料。最後找到把模仿非洲銀蟻毛髮結構的納米顆粒，加進常用建築物料內的方法，則既有製冷效果，也成本低、壽命長，符合不同應用場景的需求。

2021 年，曹之胤團隊的研究項目在日內瓦國際發明展得到評審團嘉許金獎，剛啟動的 HK Tech 300 計劃覺得這個項目有潛力做成產品，就接觸他們，鼓勵他們申請，並成功獲得 HK Tech 300 十萬港元種子基金。於是曹之胤的科研團隊轉向初創，同年 6 月正式成立了公司 i2Cool。這技術經過幾年時間的迭代，在保持製冷效果的同時，成本降低了幾百倍，最後成功將它變成一個產品。

工業生產落地之路

要將研究成果變成產品，i2Cool 最大的挑戰是產能。Martin 說：「第一代無電製冷塗層，是在實驗室將納米顆粒和乳膠漆混合，用一個燒杯就可以做到。但當實際應用，塗滿一個天台要用很多桶油漆，實驗室的產量無法滿足。」Martin 團隊要尋找工業資源解決這個問題。而香港目前以金融服務業為主，工業基礎不如八九十年代發達，需要往大灣區其他城市尋找資源。

很快，工業資源主動找上了門。當時在 HK Tech 300 的安排下，他們做了很多訪問。有位油漆廠的老闆聽到其中一個電台

在建築物天台塗上 iPaint 無電製冷塗層，可令大廈頂層降低室內溫度，減少冷氣用電。

左邊用上無電製冷塗層的玻璃，有效令溫度從 30.7 度降至 25.5 度。

訪問，就主動聯絡他們，說他在廣州有廠房可以提供生產線給 i2Cool。那是一間生產音響木料油漆的工廠，其攪拌和質檢的設備都合用，於是無電製冷塗層開始在那間廠房生產。合作一段時間、得到融資後的 i2Cool，又把資金投入這間廠，更有效把控整個生產流程。對於生產過程，Martin 指：「最核心的納米顆粒是我們自己的配方，自己加工，我們在廣州有一個生產線去生產這些顆粒。」無電製冷塗層在 2023 年開始正式銷售，得到 1,500 萬元的訂單。主要來自香港、東南亞、中東和內地，而 2024 年的目標訂單大概是 5,000–6,000 萬元。

發掘更多應用需要

i2Cool 成立後，研究團隊開始觸及不同領域，發現了更多市場痛點。除建築物外，還有室外的冷鏈運輸、物流、室外設備、汽車、貨櫃車、希望減少揮發的石化儲罐等需要降溫的地方，不同應用的需求很不一樣。

「我們一開始做建築物產品比較單一，只專注於它的製冷功能有多好、反射和散熱有多強等；但投入市場之後發現，不同行業對製冷塗層還有很多不同的降溫需要，塗在建築物上可能需要防水防塵防油；用在冷鏈運輸上需要防止熱脹冷縮，避免油漆開裂；用在貨櫃、海運時要防止油漆被腐蝕⋯⋯不同的應用對我們產品的要求也不一樣。」Martin 說。

此外，油漆、薄膜、陶瓷、布料……不同物料的核心結構也是不一樣的，所以 i2Cool 在推出不同的無電製冷產品時，都需要根據不同的應用層面更改顆粒配方，重新研發一次。當然，這些研發都基於已有的經驗，不需要像最初由 0 到 1 時，用七年時間去做。根據過去的經驗和知識，可以較快地研發、迭代新的產品，申請新的專利。像他們發現很多建築物表面玻璃佔比很大，於是重新開發了薄膜產品——輻射製冷膜；又從超白昆蟲 Cyphochilus 的絨毛結構得到靈感，研發新型的製冷陶瓷，並在股東旗下的陶瓷廠做了很多試驗，快將推出市場。他們下一個研究方向是將納米顆粒混入紡織材料，把無電製冷技術融入紡織品，可應用到帳篷、遮陽傘、頭盔、服裝等日用品上，降溫的對象也從建築物跨越到人體。

實現兒時降溫的想像

i2Cool 努力應對各行各業高溫痛點，2017 年來香港升學的 Martin，也正逐步實現解決自己兒時痛點的夢想。Martin 成長於廣州，住過老舊建築，上下八層樓梯，加上隔熱效果不佳，讓少年的他很受不了，每到夏天常會熱到不肯上學……他一直希望長大後可以從事改善生活環境的工作，大學時就選讀了跟建築設備相關的學科。畢業後，他希望可以從事影響整個建築生態的工作，而非單純改變個別的設備，所以選擇繼續升學。因為對曹之胤改善建築物熱能問題的研究領域感興趣，他放棄入讀海外大學，選擇到香港城市大學深造，由碩士讀到博士，然後挑戰初創。

從研究到打造初創企業

從大學研究團隊到成立初創公司，成員之間的角色和關係有什麼變化？Martin稱自己因為已經取得博士學位，所以全職負責公司的發展，把更多的時間放在公司的運作和生意上。至於曹之胤依然專責研究和教學，在公司的角色轉變成顧問，為公司把握方向。「我還是博士生時，曹教授給予團隊的是研究的方向，現在成立了公司，變成給予產品研發的方向。本質上兩者區別不太大，只不過專注的領域和內容有所不同。」過往他們的研究主要為滿足發表論文的要求，現在則要滿足客戶需要。「另外三位創辦人目前還是城大的學生，還在上游研究團隊內。畢業後會轉為負責公司內技術研發，或者擔任應用上的職位。至於商務和推廣方面等學術團隊不擅長的工作，就要另外聘請外界人才負責。」

Martin坦言，公司創立時，他們有很多東西都不懂，「像如何安排財務、審核、會計……HK Tech 300會安排工作坊，請業界人士做分享，我們在簽合約上遇到問題，也曾安排律師給我們

曹之胤（中）是 i2Cool 的聯合創始人，他帶領年輕團隊（左起：何梓聰、朱毅豪、林凱昕、陳思如）開發製冷塗料。

iPaint 無電製冷塗層

符環保需求取A輪融資

無電製冷塗層符合世界環保趨勢，如ESG、國家2030碳達峰及香港2050碳中和等政策，有降溫需要的石化儲存、太陽能板公司，或是有冷鏈運輸、陶瓷設備的公司，均與i2Cool的產品和技術相關，市場潛力大。2022年1月得到HK Tech 300天使基金100萬港元，同年6月先後有來自深圳的「國宏嘉信資本」、科技大學李澤湘教授的香港X科技創業平台、清水灣基金、上海硅港基金和New Vision等投資者加入。到2024年5月，i2Cool完成近億元級的A輪融資，新投資者有信宸資本（中信資本控股有限公司旗下的私募股權投資業務）、彼岸時代科技控股及香港中華煤氣，冀能加速推動綠色節能輻射製冷技術，助全球應對氣候挑戰。

由種子基金 10 萬到天使基金 100 萬，HK Tech 300 的支持，令外界對 i2Cool 的業務發展更有信心。

城大知識產權應用

專利名稱：

輻射冷卻塗料和表面塗覆方法

Radiative Cooling Paint and Method for Covering a Surface with the Radiative Cooling Paint

城大專利編號：IDF no. 901

專利發明人： 曹之胤、陳思如、林凱昕、白晟熙、
趙賢亮、李孝謙、何梓聰

法律的意見。」Martin 説，這對很多早期的團隊來説很重要，因為一開始沒錢沒人，這些專業顧問服務，可以讓他們用一個較低的成本，得到想要的資訊。而城大也組織商業配對，例如建築業界有活動時，會邀請業務相關的初創團隊去做演講。通過這些商業配對，去認識更多和他們這領域相關的業界的人士。這些配對活動對很多早期團隊來説是很重要的機會，因為新公司其實很難讓別人認識或相信你。而 HK Tech 300 計劃其中一位創業導師也是做油漆生意的，會在定期會面上給予 i2Cool 細緻的意見：「像銷售樣本應該怎樣做？還在學校實驗室時，我們只是在木板上塗上油漆帶出去見客，導師説這「很不商業」，應該要用不同顏色，不同質地的卡板去會見不同行業的客人，讓客人一目了然知道公司有什麼產品可以提供。」正因如此，i2Cool 團隊雖然第一次創業，但通過 HK Tech 300 傳授的經驗，團隊都具備創業及營運基礎。

上下游的產學研結合

i2Cool 的研究團隊分為上下游，城大的研究團隊做基礎的上游研發，例如研究一樣全新的物料，或全新的技術。而公司的團隊負責將這些新技術落地、市場化，做大規模的生產，滿足不同行業的要求。公司營運需要推出新產品，所以公司的研發團隊是「落地的研發」，是下游。其實上游和下游都十分重要，上游提供新技術，下游令這技術符合市場需要。上游團隊的成果屬於城大，i2Cool 要用就向城大申請特許授權 。而下游團隊也會為自己的研發成果申請專利。Martin 表示，「未來按特許授權證生產的商品有利潤的話，會按合約分紅給城大。所以整個營運就相當於在一個生態系統內，我做完研究，再將這研究變成產品的過程，做到產學研結合。」

i2Cool 給初創新手的話

初創企業要成功，最關鍵的要素是知道自己的產品、技術、服務，與市場需求的落差有多大，從而補足這個落差。其次團隊成員要勇於嘗試自己不熟悉的領域，跳出自己的舒適區。可能你專精某一樣技術，但創業還需要學很多法律、金融、運作的知識，把新知識和技術融合在一起。第三就是要善於去發掘及補足團隊的不足，如作為技術人員，我們需要其他領域如銷售、市場推廣的人去幫我們，需要找到一些跟我們思維接近的團隊成員去做這件事。

3

HK Tech 300 合作夥伴

華潤創業的創投心法

CR Enterprise

香港以至全球高等院校近年都熱衷於培育初創企業，
初創企業怎樣才可以穩步成長？華潤創業有限公司副總裁支喆說：
「初創企業的成長，除了要有創新的科技和各種配套支援，
最根本還是要有資金投入。
一間大學只靠本身的資金去推動初創文化難免有其局限，
引入外部投資者合作順理成章。」

以科技創新的主要業務

華潤創業是最早加入 HK Tech 300 計劃的共同投資合作夥伴之一。在華潤的「十四五」規劃當中，華潤創業定位於集團發展香港業務的「主力軍」、孵化新產業的助推器。為此，華潤創業成立了華潤科學技術研究院，圍繞現時香港高校科研機構的優勢，確定以生命健康，智能與數字化，新材料這三個領域為主，並設立相應的專業研究院。華潤創業有限公司副總裁支喆表示，「香港有八所大學，其中五所是全球前一百，科技資源非常豐富。」他認為雖然香港比較缺乏產業化資源，但在科技上具備很強的優勢，所以香港在大灣區的定位也是扮演着科技創新的主力角色。

香港初創企業國際化

根據華潤創業過往與香港初創企業接觸的經驗，支喆指香港初創企業都是對準全球先進的技術，瞄準前沿領域，且具備國際化的思維，這方面既有大學的影響力，同時亦因為香港是國際文化交流中心，與外界的聯繫非常暢通，所以初創企業着眼點都是追求世界一流技術。不過香港的產業基礎受限於地域面積，初創企業有不錯的起步，但之後發展卻比較緩慢。

香港各大學科研成果豐厚毋庸置疑，但問題在於，學術機構內的研發成果應如何轉化為生產力？支喆坦言，香港在這方面確實有短板，還沒有最好地把大學研發成果產業化，「不是要讓大學的所有教研人員都去創業，而是應該發揮政府和業界的作用。」他認為香港特區政府在過去做了很多鋪墊工作，而在「十四五」規劃下，各企業也加強與大學聯合。以華潤創業為例，就與各高等院校建立了聯合研發機制及聯合投資機制，幫助大學把優秀的科研項目轉化。「企業將產業資源賦能於科研成果，可以加速企業升級，提高生產力；而科研成果得到商業轉化，獲得更多的資金，可以更好進行下一步的科研，達到雙贏的效果。」

與HK Tech 300的合作

華潤創業一直致力與香港各大學合作，在 HK Tech 300 創立的第一年，華潤創業已與香港城市大學成立合資科創投資平台，首期金額共一億港元，雙方各出資一半。為什麼挑選城大作為合作對象？支喆稱，選擇與城大合作，一來城大有很多全球排名前列的科系以及海外知名教授。另外，城大的開放程度也很有代表性，HK Tech 300 在內地與九個城市開展合作，舉行「HK Tech 300 創新創業千萬大賽」，以至去年進一步擴展至東南亞地區，舉行「東南亞創新創業千萬大賽」，這開放程度是個大優勢。最後，這個計劃亦是香港最早開始的高校推動孵化項目，可以幫助華潤創業聚集本地的科技資源。支喆補充，「與城大共同發展，華潤創業可以利用自身多元化業務的優勢資源，幫助 HK Tech 300 的孵化項目找到產業方向。我們不只是投放資金，更能在產業、產品的研發上幫助這些項目，快速找到發展定位，更有效加速他們的創新。」

至於挑選哪些項目投入？支喆表示華潤創業作為一家企業，挑選項目的標準肯定以圍繞國家發展的方向為首，像低碳技術、生命健康等國家所需的產業方向。其次是這個項目在科技上的先進程度。最後是這技術在市場上已有初期發展，相對成熟有經驗，若還只是在實驗室的階段就太早期了。「項目已有一定的發展，之後才能快速協助它成長。」

加速營的作用

華創向 HK Tech 300 初創團隊提供的協助包括「香港創科青年產業加速計劃」，讓他們接觸到像華潤集團這樣多元化的企業，為其研發方向提供靈感。支喆提到一個例子：HK Tech 300 有些項目是做檢測行業的，他們圍繞的領域在國際上已有很多同類技術，但華潤有企業自身的特別需求，像華潤集團旗下在檢驗檢測領域上還有空白的領域，而香港具備檢驗檢測的先進技術。他建議城大的團隊要找這種方向去做研發，從這種空白領域切入後，再去做改進。「這個加速計劃是一個很好交流的過程，業界加入後，和多家初創公司一起交流，因為你我各有長短，對於在科研過程中、產業轉化中遇到的問題，互相之間就形成很好的互補。當中有數個項目，我們發現他們完全可以組合成一個團隊繼續發展。」支喆表示，「這是加速營一個很大的收穫」，所以在辦了三期的基礎上，華創還會繼續。

HK Tech 300 代表性項目

支喆也特別提到兩個很有代表性的 HK Tech 300 項目和團隊，其中一個是創冷科技 i2Cool。他說這個項目拿到日內瓦國際發明展大獎的時候，華潤創業已經關注其獲獎，以及受中東客戶歡迎的原因。後來通過雙方交流，提示他們除了着眼在建築降溫，也希望他們研究比如說像國家關注的超算中心、數據中心等需要降溫的領域。他指這家公司的年輕團隊敢想敢闖，而且技術也比較強，這讓他印象深刻。還有城大機械工程學系講座教授呂堅教授的團隊——路馬特有限公司（專注於「表面增強拉曼（SERS）」檢測技術的初創）身為兩院院士的他，從副校長位置上退下來後，回到科研中心負責，專注在新材料和 4D 列印技術上，一個小小實驗室裏擁有多項領先的技術。

見過 HK Tech 300 的眾多初創團隊，支喆表示他們可能並不完美，研發能力雖強，但在企業的發展上沒有長遠的目光，商業模式探索也不成熟。但這些短板是可以通過與華潤創業這樣的企

香港創科青年產業加速計劃

華潤創業於 2023 年 7 月聯同城大及華潤商學院（香港）開展「香港創科青年產業加速計劃」第一期，為 HK Tech 300 培育的初創團隊，提供港深兩地產業資源、政策解讀及資本對接的加速支持。每一期聚焦領域不同，已經探索了生命健康、人工智能的領域，接下來會是材料、低碳等其他領域，冀促進深圳和香港兩地的科創交流，推動科研成果及知識產權轉化為實際應用，協助香港青年創新創業，並在粵港澳大灣區達到協同效應。

華潤創業是最早加入 HK Tech 300 計劃的共同投資合作夥伴之一，各出資一半成立科創投資平台。

業合作補全。所以一些團隊可以交流融合，取長補短，組成一個優勢部隊。

香港青年的堅持

比較香港與內地的初創團隊表現有什麼不同？支喆表示內地年輕人往往在商業模式上彈性比較大，他們的新技術會根據市場需求，快速變換給予市場答案，但結果往往在創業後就更關注商業模式，對技術創新投入卻減少。至於香港的團隊比較堅持自己的技術研究，不會因市場短時間的需求就改變，每個技術都實實在在，做到什麼程度就是什麼程度，不會誇大事實。

至於香港團隊的短板，在於對內地市場不了解，往往聚焦在內地一線城市，但中國市場非常大，二三線市場也會誕生成功企業。如果能夠讓香港青年創業，再進入到內地二三線城市，甚至一些產業發展比較有優勢的偏遠地區，可能收效更好。而華潤作為中央企業，也想把香港的科學家和科研團隊推薦到內地其他城市，這些城市都有他們獨特的資源。

支喆特別提到一家名為極視角的公司，是一間做視頻分析的初創，本來的業務發展方向是商場保安方面，但這領域在國內面臨「內捲」。後來這家初創公司抓住華潤內地工廠的需求，向日常營運管理、工人行動規範、預防危險情況等方向發展，反而在這個行業打出一片天地。支喆表示，內地眾多產業可以協助孵化初創

支喆欣賞香港團隊堅持自己的技術研究，技術實在，不會誇大事實，但往往對內地市場了解不足。

企業，作為一間國際化公司，華潤創業也可以和 HK Tech 300 綁定出海，利用其海外的經驗和網絡，協助初創公司走出海外。

產學研合作的過程

支喆說香港的科學家都是全球化的，對標的都是國際一流的科學技術。而因為香港長期關注的都是金融房地產，業界對科技創新的領域，還要有一個學習過程。雖然有些大企業也在學校建立了實驗室，但兩者之間的差異在於，很多基礎科學和商業的匹配，中間轉化是有一個過程的，需要資源去做。他指這個過程中，城大、數碼港和香港科技園公司都起到作用，但還不夠，還是需要一些業界加入這個轉化過程。

華潤創業在投入香港科創初期，與各院校的合作有不同方向，支喆表示投資判斷是圍繞每個科研領域的大學排名。當時發現城大、理大在材料科學比較強；港大、中大長於生命科學；浸會大學有中醫藥研究等，就按這些範疇投資。但通過這一兩年參加 HK Tech 300 的項目，他們知道各大學互有優勢，有些教授身兼幾校教席，又或會中途轉校，一些團隊的成員也來自不同大學。「大學之間沒有壁壘，甚至可以聯合研究。所以華潤創業現在打開了，不再固守當初的規劃——近期孵化的項目中，已有和城大合作生物檢測，以及人工智能等不在最初劃分範疇內的學科。」

HK Tech 300 合作夥伴

CR Enterprise 給初創新手的話

初創企業的爬坡周期很長，一定要耐心。要抓住自己科技的優勢，以及不斷在市場嘗試，這樣才能成功。成功之後還要繼續投入到科研，形成持續的科技能力，這樣初創企業就能走得更長遠。

4

跨科合作探索海洋的 NerOcean

一件科技發明能否落地，找到市場痛點自然是關鍵。
但在實驗室研究經年的技術要落地商品化，究竟要花多少功夫？
NerOcean 聯合創辦人及行政總裁吳志安（Ron）及高志釗教授指出，
基礎科研總是要做到最佳的精確度，達到在期刊發表文章的要求。
但要市場化的話，市場上一件有 70% 效能、成本一百元的產品，
往往較擁有 100% 效能、但索價萬元的產品更具競爭力。

NerOcean 聯合創辦人及行政總裁吳志安（Ron）修讀博士學位時，師從香港城市大學化學系教授高志釗（NerOcean 聯合創辦人及顧問），研究方向集中在光功能材料的設計與合成。博士畢業後，他繼續在高志釗的研究團隊，專注於知識轉移項目。當團隊開發出創新的傳感技術，有望大大減低檢測水中溶氧、海洋監測的成本時，正值 HK Tech 300 計劃啟動。為了把這項技術落地，Ron、高志釗和香港教育大學的胡紹燊教授共同創辦了 NerOcean —— 研發水質檢測裝置的初創公司。從此，一直在實驗室從事科研的 Ron 走上了初創的道路，而這條道路一開始就遇到了小小的障礙。

經歷考驗的團隊

NerOcean 在 HK Tech 300 第二期成功取得種子基金，團隊其後並申請香港科技園公司的 Ideation 計劃，科技園高層面試的過程讓他印象非常深刻：「當時我們的商業模式可行性備受批評，但評審認為我們的技術真的可靠，亦有熱誠，最後申請亦獲通過。」通過了種子基金等的申請僅是開始，HK Tech 300 計劃花了很多精神、心力在初創團隊上。每個月都有人員來評估他們的進度，亦有針對他們的需要安排培訓：譬如做科研的人，對開設公司可謂一竅不通，HK Tech 300 都有安排專業導師指導。

「我知道要有公司註冊，但公司註冊怎樣做？公司是怎樣運作？要怎樣去分配股份？這些其實我們都不太懂。」Ron 説。

HK Tech 300 還有創業師友計劃，由有經驗的創業家、專業人士為各團隊提供指引。NerOcean 的創業導師是快譯通的譚偉豪博士。第一次見面，Ron 説譚偉豪細心聽完他們的生意計劃後，第一個意見是 ——「第一步不是要找生意，而是先建立團隊，建立團隊之後，再一起打磨生意模式。」之後，譚偉豪又和兩位教授見面，深入了解公司的理念。導師既是創業者又是創投人，譚偉豪給了他們很多不同角度的意見。NerOcean 目前的團隊成員主要是城大、教大、港大和科大的組合。

取得種子基金之後，NerOcean 又得到 HK Tech 300 天使基金的投資，其間也見過其他投資者。Ron 觀察到一個現象：與 HK Tech 300 合作的投資者，就算否決了提案，也會仔細解釋，並提供改進意見。Ron 憶述他們做簡報時，曾有評委覺得他們應該先專注在香港發展。不過他當時比較稚嫩，未能好好解釋清楚技術背後的龐大市場，但他始終相信 NerOcean 的目標市場不只是香港，「內地和全世界亦是我們的目標。」而他自始亦不斷改進自己的簡報技巧，並先加強跟本地政府部門合作，讓 NerOcean 的理念實際應用出來。

向大海進發

海洋監測這回事，在普通人眼中遙不可及。「普通市民平時接觸海洋，最多是去沙灘游泳，有錢一點出海『遊船河』，海中有多少氧氣對他們沒有意思。但其實海水缺氧會導致海洋物種畸胎、不育甚至死亡，嚴重影響生態系統。所以，科學家需要不間斷監測溶解氧以了解海洋生態。換句話說，溶解氧是水質的重要指標，而人類非常依賴海洋資源，人類社會有一半資源來自海洋，人們吃豬吃牛吃雞等陸上動物，有不少飼料原料是來自海洋。工業、建築材料也有來自海洋，包括沙泥都是來自海洋。建立一個更有效了解海洋運作的監測系統，就能讓人類更有效地運用海洋的資源。」Ron 說。NerOcean 這名字取自「海洋的神經網絡」(Nerve of the Ocean)，而構建這個網絡的基礎，就是他們開發中的「溶解氧傳感器」。

這些傳感器就像人身上的感應細胞，不斷接收環境中的訊息。但現有的技術問題是，傳統傳感器成本過高，監測網絡密度不高。像在香港，26 個魚排養殖區中只有 15 個裝置了傳感器，那些沒有監測的魚排若果突然間有大量魚類死亡，我們就很難找到原因。若果有監測網絡持續監測，就能知道氧氣濃度的變化，過低的氧氣濃度會導致魚類死亡。這樣就可以有更好的規劃。要

溶解氧傳感器
實時記錄海水含氧量

傳統傳感器價格昂貴，亦容易受海洋生物污染（Biofouling）影響，放置於海洋一段時間，功能就會受損，影響收集的數據。NerOcean開發的「溶解氧傳感器」建基於光化學反應，透過「可替換光感薄膜」測量水中溶解氧含量，成本降低到傳統儀器的五分之一。傳感器上的紫外光光源，引發薄膜上的傳感物質與海水中的溶解氧產生光化學反應，將相關反應的數據記錄後再傳送至陸地裝置，就可實時記錄海水含氧量的變化。而作為光源的紫外線，會抑制微生物生長，加上光感薄膜每做完一次測試轉動，都能有效減低海洋生物附着對傳感器的影響，從而能降低傳感器九成的維護成本。

高志釗及胡紹燊帶領團隊由光化學入手開發溶解氧傳感器，並為這技術申請了專利。

做到這點，第一步驟是降低傳感器和海洋監測的成本，增加網絡的神經細胞，收集更多的數據。他們主要針對海洋缺氧的監測而開發的傳感器有兩種，一種是成本較貴的實時數據監控型，另一種是專門做長時間趨勢研究型。

跨科合作的成果

根據 NerOcean 顧問高志釗的說法，開發「溶解氧傳感器」的故事，要從城大化學系的歷史講起。城大化學系早年是生物化學系，系內有化學專家，也有很多生物學家、環境科學家。他回憶系內的科學家下午茶聊天交流時，環境科學家同事會提出一些問題，希望化學家幫忙解決。高高志釗說環境科學同事提出的項目十分困難，不是化學家花幾天、幾個月甚或一兩年，就可以找到解決方案，做出成果。很多時大家交換意見後，經過幾年時間他才想到解決的方向。當時 NerOcean 另一位顧問教授胡紹燊也在城大，是海洋污染國家重點實驗室的始創主任，也是國際知名的環境生態學家，亦曾在聯合國、國際海洋組織及國際原子能機構擔任顧問，溶解氧傳感器這項目研究就是由他提出來的，之後高志釗團隊開始朝這個方向試驗。

環境科學家有很多研究想做，但需要的儀器在市場上很難找到，技術也很困難。尋找新材料和新檢測方法則是化學家的專業，在實驗室大部分東西都能驗出。但在現場、在海洋上長期監測，傳感器會受海洋生物污染影響效能，這些問題都是在實驗室裏想不到的。其實胡紹燊想要檢測的項目不只一個，拋出來讓化學家挑戰監測的有溶解氧，還有重金屬，以及其他物質。

胡紹燊在 2008 年首先提出討論溶解氧監測的問題，後來他輾轉到了香港教育大學任職。但兩位教授依然是海洋污染國家重點實驗室的成員，亦都定期會面交流。高志釗的專攻方向是光化學，他帶領的團隊由光化學入手開發溶解氧傳感器，這是沒有人應用過的方法，所以團隊就為這技術申請了專利。當傳感器第一代原型終於做出來時，剛好遇上城大啟動 HK Tech 300。既有新產品，亦覺得這個產品有市場需要，於是就參加計劃，創立了 NerOcean。

學術很難不離地

Ron 當時在高志釗的鼓勵下，接受了成立初創公司的挑戰。他說自己最初在高志釗的小組裏做研究，大部分時間做的根據教授的研究方向找出可行的方案來完成任務。「但研究與做初創、推廣產品是兩回事，學院經驗不一定能派上用場。而在實驗室研

城大知識產權應用

專利名稱：

測量水性介質和流體中溶解氧的傳感器*

Sensor for Measuring Dissolved Oxygen in Aqueous Media and Fluid*

* 由香港城市大學及香港教育大學共同擁有

城大專利編號：IDF no. 1263

專利發明人： 胡紹燊、高志釗、華禮生、招文瑛究經年的技術要落地，商品化也要花很多功夫。」Ron 說：「學術很難不離地」，在學術和市場兩邊都參與過後，他有所體會。「一個好的科研成果，很多時候是跟實際想解決的問題有距離，要如何將兩者拉近呢？就要再深入了解實際問題，回頭改進產品，很多時候，一個科研的產品要經歷過很多不同版本的原型。我們的公司正經歷過這個步驟。」他指「離地」不是貶義詞，科學家很多時候都要「離地」才有創新的想法，從而有突破性的發明。

高志釗則強調，基礎科研總是要追求最好的效果，做到最佳的精確度，達到在期刊發表文章的要求。但要市場化的話，追求精確度極緻的設備又會太貴。同時環境科學家與化學家對精確度有不相同標準與要求。化學家可以把數值精確到百分之一的單位，但環境學家可能只要個位數的精確度已經足夠，再高的精確度對他們的研究沒有意義。而市場上一件有 70% 效能、成本一百元的產品，也往往較有 100% 效能、但索價萬元的產品更具競爭力。

有競爭力的新產品

一件科技發明能否落地，找到市場痛點自然是關鍵。環境學家笑言「找到溶解氧監測的新技術就發達了」，因為全世界的科

Ron 把 NerOcean 的水質監測設備「人工青口」投入環保署的監測站，
用以檢測海水中的放射性元素。

學家和政府部門都需要監測溶解氧，但現在的方法效率不高，因為有海洋生物污染，儀器在海裏每隔一段時間就要清理一次，貝類更會黏在儀器上面，影響感應器的運作，不適合作持續海洋監測。同時傳統監測器成本高昂，全世界只有數間供應商，每個索價數十萬，單是更換探頭也可能需要過萬，價格有競爭力的新技術自然會受歡迎。

NerOcean 正與漁護署和環保署合作，測試傳感器原型，同時亦應用 NerOcean 另一個產品 —— 強化版的人工青口，用以檢測海水裏的放射性元素。其他潛在客戶，包括水務署、內地政府部門和一些國企也對他們的產品有興趣。另外不同的大學和科研機構，如香港城市大學、香港大學、香港教育大學，海洋污染國家重點實驗室都將使用他們的感應器，NerOcean 亦把該項「香港製造」的海洋科技帶出香港，香港以外的廈門大學、海南大學，以至韓國首爾大學，也在應用 NerOcean 的技術，在西太平洋進行海洋監測，而海外的合作亦擴展到歐洲地中海地區。

除了政府部門和科研機構，溶解氧傳感器更廣闊的市場應是養漁業、水耕種植，海水溶氧量固然影響漁排的產量，能夠及時警示缺氧更可防止大量魚類死亡，避免嚴重損失。近年新興的水耕蔬菜，則要通過不斷監測，維持合適的含氧量，讓種出來的水耕蔬菜保持最佳狀態。NerOcean 正與本地三、四間魚排養殖業公司，以及兩間水耕菜公司合作，測試其傳感器。

不斷迭代的原型

NerOcean 正準備推出溶解氧傳感器的第三代原型，Ron 表示在研發原型的過程中，HK Tech 300 提供的各種活動，讓他們相對容易地招攬各方人才，在他們的研發團隊中，有化學專家、環境學專家，還有工程師，他們需要各方面去合作去研發原型。而在步向量產化的過程中，他們亦和其他初創公司合作。他説 HK Tech 300 創造了初創生態系統，各公司很多時會在技術上交流，他也和幾間熟絡的初創企業交流工程、化學方面的技術問題，互相扶持，這樣除了加速他們的產品研發，共享彼此的客戶網絡，更令初創路充滿色彩。而在 HK Tech 300 的活動以及其他場合，他們能與潛在客戶交流，認知科研成果與客戶實際問題的距離，通過深入了解問題、反覆改進產品將兩者拉近。所以很多時候，一件科研產品推出市場前會經歷過很多不同版本的原型。

Ron 説對初創公司來説，產品在原型階段會遇到不同的挑戰，跟着下一步就是如何量產化更是樽頸。量產化就要考慮成立

強化版人工青口

人工青口是一種有 30 個國家採用的化學採樣裝置，2007 年由胡紹燊的團隊在海洋污染國家重點實驗室研發。這是一根小膠管，中間裝有吸附物，兩端再以半滲透凝膠封閉。放進水中，可以吸聚環境中的重金屬，效果與貝類青口類似，可一次性檢測海中多種金屬含量及其變化。而 NerOcean 的強化版人工青口，換上由團隊研發的新通用螯合材料，讓它們吸附更多不同污染物，從以往的鎘、鉻、銅，鉛等有毒重金屬外，增加了鈾、鍶和鈽三種核排放常見的放射元素。新一代人工青口可以較低的人力與成本，長期監測核污水的狀況。

人工青口吸聚環境中的重金屬，改良版更可吸聚鈾、鍶和銫三種核排放常見的放射元素。

生產線，生產線的成本不是說一二百萬元就可解決，有機會去到上千萬的投資，還牽涉到一些廠房的選址及建立。同時，產品推出市場需要通過認證、符合一些安全標準，亦都是另一個樽頸。如果通不過認證、測試要回頭再做，也有成本問題，不只是資金成本，也有時間成本的問題。尋找廠商代工生產是解決方法之一，但在這過程中如何保護知識產權？則是個有待解決的問題。至於 NerOcean 另一項產品，強化版人工青口則相對簡單，完全可以在本地大量生產。

初創的壓力

Ron 自言從小喜歡看書了解這個世界。升上大學之後，再到研究院，他就喜歡動手做一些設備，從中得到滿足感。慢慢他發現基礎研究是創新，但很難解決實際問題，開始想將有趣的發現找地方應用。被高志釗鼓動參加 HK Tech 300 時，他正想着要有突破、找合作夥伴去做自己獨有的產品，自然一拍即合。他說在初期，已料創業不容易，但回想攻讀博士學位的經歷，自覺應該「頂得住」。但來到商業世界才發現，在學院的挑戰和業界不一樣。一方面要學一些完全不熟悉、不認識的東西，還要開始要做一些承擔後果的決定。在高志釗的研究團隊，做錯一些決定，

由師生到一起創立 NerOcean，Ron 與高志釗認為 HK Tech 300 形成的初創生態系統，讓不同公司可以互相交流技術，也加速了他們的產品研發過程。

至少背後還有人幫他解決。「但在商業的社會做錯決定，第一公司會虧錢，第二有機會承擔法律後果，這些都是壓力所在，和做研究真的很不一樣。但同時，相對學到和得到的成就感都會多很多，是完全不同的事。」

NerOcean 給初創新手的話

作為初創新手，首先要有信念，堅持自己的信念。第二是要找一個適合的團隊，初創企業一個人做不來，一定要有一班人志同道合，有時候可能做法有不同，但是要知道自己的初衷是什麼。第三就是有什麼機會都要去嘗試，向着你的目標進發，但路不只一條。如果這方法不成功的話，要在適當時候轉換賽道，變通地達到你的目標。

5

HK Tech 300 合作夥伴

香港工業總會要做初創超級聯繫人

FHKI

香港初創的阻力有哪些？
香港工業總會主席莊子雄說：
「最明顯是上游研發和下游生產中間的環節需要加強，
如何做更多應用研究和成果轉化，讓商品化能做得更好？
這是香港工業總會極想推動的。
問題是過去本地已沒有太多工業生產，
這既是香港的弱點，但也是未來發展的商機。」

學界推動初創文化，需要和業界、政府各方面合作。而初創企業要將其研發的新產品大量生產、投入市場，也十分需要工商界的參與。香港工業總會作為唯一法定商會，成為 HK Tech 300 的策略夥伴可説是順理成章。工總主席莊子雄是香港城市大學創新學院的特約教授，他早年以研發簡易安裝的改良汽車防盜器賺得第一桶金，近年也在東莞松山湖創立創新工業園區，從研發、生產到市場拓展，為初創企業提供一站式支援，又正以大灣區的創新產業為研究方向攻讀博士學位，對於創新、初創有着不同角度的洞見和了解。

初創企業推動新型工業化

由 1960 年成立至今，香港工業總會主要的工作就是引領香港的工業和創科，為工商界發聲，照顧它們的營商需要，以提升國際競爭力。此外，工總透過跨界別協作，創造工業新前景，拓展本地和環球市場，同時促進高增值產業發展，為香港新型工業化注入動力，為年輕人創造更多機遇。莊子雄稱，「要成功推動創科及初創的發展，政府、工商界、學界和研究機構合作很關鍵；『政產學研投』必不可少。」他指全世界都認為未來經濟發展的火車頭是新型工業化、創科及初創。每個政府都把焦點放在創科。初創企業由概念、科技出發，創科成效會非常之高。工總希望能借助這些創新企業，幫助業界提升營收和現有科技水平。「工業界現在都希望利用新科技協助增值，轉型升級，去提高市場競爭力，所以發展創新科技是業界一定要走的路。」

工總轄下設有「創新及科技發展委員會」及「香港初創企業協會」，都是聚焦推動創科，以及推動和大學的合作。它們會舉辦論壇、頒發獎項、培訓和業務配對，搭建平台，讓不同的持份者，如初創公司、工業家、投資者、政府官員交流，建立由 RIF——研發（Research）、創新工業（Innofacturing）及融資（Finance）以至專業服務——組成的創科生態圈。莊子雄強調，「香港是超級增值人、超級聯繫人，而工總在創科領域亦是一個超級聯繫人，把所有持份者聯繫起來。」

香港發展初創的助力與阻力

對於在香港發展創科及初創的優勢，莊子雄認為，首先是本地大學的研發做得好，香港有五間全球排名前 100 位的大學，特別是城大過去幾年在研究方面做得很好，這是一個很重要的基礎因素。其次是業界的推動，過去香港工業很成功，製造業做很多 OEM 或 ODM，但現在需要創新技術增值，所以業界很積極推動創科。第三則是過去幾年香港成立了不少風險投資基金，這些基金都關注初創企業，對香港發展初創是很大的推動力。

初創飛昇計劃+ Q STEM

工總轄下的香港初創企業協會，設有「初創飛昇計劃」（STARS Programme），以培訓指導及業務配對為重點，為起步及成長階段的初創企業提供支援，截至 2024 年已經舉辦五屆，涵蓋領域有：物聯網、智慧能源及環保家居、玩具及電子、食品科技，及房地產科技+ESG。工總轄下另一機構「創新及科技發展委員會」，則在 2024 年初推出 STEM 產品認證計劃 Q STEM，以提升香港 STEM 產品及教育的質素，充實創科的基礎。

至於香港初創的阻力有哪些？「最明顯是上游研發和下游生產的中間環節需要加強，如何做更多應用研究和成果轉化，讓商業化能做得更好？這是工總極想推動的。」工總希望香港的研發成果可以在合適的地方轉化，問題是過去本地已沒有太多工業生產，但這既是香港的弱點，也是未來發展的商機。「機會就在於大灣區的融合，被稱為『世界工廠』的東莞，可以承接香港的研發成果，加上深圳的應用研究，各方互相配合。」

而在上游的科研方面，莊子雄十分欣賞本地學者的研發水平，但認為香港的大學和歐美的比較起來，學者將研發成果商業化的誘因不足。「香港的大學教席有 12 個月工資，在美國教書只有 9 或 10 個月的工資，這給美國學者很大的應用研究、商業化的動力。」莊子雄主張，大學不應只以發表論文為學者單一重要評審指標，應該加重研究的商業化評估，以及專利的分成，讓大學教授以及研究人員有更多誘因，將研發成果轉化落地。

讓工商界和大學研究人員建立關係

工商界和大學連繫不夠緊密也是發展創科的阻力所在。「大學很多研究成果，業界是不知道的。」工總作為業界重要的持份者，旨在積極推動創科，自然和推動初創的 HK Tech 300 計劃一拍即合。「大學出錢出力推動科技轉化是一個突破。現在最大的問題之一，正是業界未必清楚大學的研究項目，透過 HK

香港工業總會自1960年創立以來，主要的工作之一就是引領工業與創科發展。成為HK Tech 300策略夥伴，目的是聯繫工業界與學界。

莊子雄表示，過去香港工業很成功，做很多代工生產或委托設計製造；但今天工業發展離不開創新技術增值，所以業界都積極推動創科。

Tech 300 這計劃，大學將它認為可以商業化的研究項目拿出來，對業界來說是一個容易捕捉商機的機會。」而在參與計劃的過程中，莊子雄發現「原來大學師生一直默默耕耘，有很多好東西沒有宣傳，令這些寶藏未有出現在公眾的視野之中。這計劃讓城大研發成果的商品化，有很重要的突破。」

他表示自己作為城大工商業領袖協會召集人，每月都帶着不同業界的人到訪城大，認識城大的研究項目，讓業界和大學研究人員建立聯繫，這非常重要。莊子雄説，「城大有很前沿的科技，可以改變我們現在的工業，推動工業的轉型升級。但首要是彼此互相認識對方，而政府亦要多些支持 —— 當業界應用大學的研究，應多給一些鼓勵。經濟上的誘因對教授很重要，對業界亦然。」

工總會員全方位參與HK Tech 300

策略之外，工總如何參與 HK Tech 300？莊子雄稱，工總曾向會員介紹這個計劃，其中有超過一百人，參與了計劃中各個不同的委員會及專家小組，涉及廣泛的科技範疇及應用場景。在出力之外，很多會員更出錢，捐資予計劃的種子基金、天使基金。此外，業界成立了很多風險投資基金，很多都鎖定 HK Tech 300 的企業或項目，作為他們投資的對象。「很多企業都在 HK Tech 300 計劃中，尋找和自己行業有關連的技術，希望可以利用這個機會升級轉型。」

香港研發 東莞轉化

保力創科園所在的東莞，在過去一段長時間擔起「世界工廠」的重要角色，但這「世界工廠」今天也遇到很大的挑戰。莊子雄指，當地政府要進一步提升自己的科技實力，他們覺得香港的大學這麼多科技成果，於是給資源、給資金，希望業界可以讓科研成果落地。現在大灣區的城市，都很歡迎香港的大學落戶區內。城大（東莞）的成立，是個很大的機會，讓當地政府、城大等幾方面可以配合得更好，香港在研發方面的優勢，通過東莞商業化、大量生產，可以轉化落地，讓初創企業進一步成長。

支持創科的行動與思考

莊子雄本人作為 HK Tech 300 的評委，又會從哪些方向去判斷一個項目的成功與否？「首先我會評核這個項目的技術夠不夠好，夠不夠新，市場上或者其他國家有沒有這種技術？第二，這技術可不可以商品化？有沒有市場價值，市場需求有多大？第三，能否在市場上真正推廣這產品或技術？最後，當然是這技術對社會、對人類的長遠影響。」在眾多條件中，他最看重的是技術和市場的配合，「很多初創團隊，包括 HK Tech 300 的項目，大多是由教授與學生創立，他們在科技研發上做得很好，但對於技術切入點在哪裏、如何做原型（prototype）生產、如何商業化，以及如何做市場推廣，他們未必十分熟悉，可算是他們的弱點。這正正是工總可以提供協助的地方。」

參與創新教育

除了擔任 HK Tech 300 的團隊評選，莊子雄亦在剛成立的香港城市大學創新學院擔任特約教授。對於業界如何參與創新教育？他覺得有業界成員在學院內授課，首先可以將業界實戰的經驗，分享給學生以至研究者。其次，業界可以為初創企業提供設施。他以自己在東莞的「加速中心」—— 保力創科園為例，除了自己集團的研究開發和製造，還提供地方予其他初創公司加入，保力創科園專注三件事：先進生產、新材料和新能源的發展。如果初創公司有一個概念，保力創科園可以找工程師做原型設計、小規模製造，亦引進風險投資者投資園內的初創，讓他們跟業界建立連繫。從事工業製造，一定要有客戶、市場推廣、專業服務各方面的網絡。他希望可以將這些渠道，與 HK Tech 300 以及城大創新學院的學生分享。莊子雄表示，城大推動 HK Tech 300 計劃三年，拿到種子基金、天使基金的初企也有幾百至一千間，他認為下一個關鍵是進入大規模生產。作為工總的主席，他希望可以嘗試給業界做一些展示。

研究灣區創新能力

莊子雄坦言對「創新」範疇特別感興趣，經常會思索為何矽谷的創新能力這麼強勁？到底大灣區的創新能力還差哪些方面？大學教授們叫他找文獻讀讀，他找來找去都沒有文獻涉及這個題目，只發現城大工商管理博士課程的歐澤賢教授 (Prof. Muammer Ozer) 做過一個研究，比較北美洲與香港的企業創新，於是找歐澤賢教授討論，結果被對方招進城大讀博士。他的博士論文正是研究大灣區的創新情況，希望找到大灣區創新發展的長處和短處，到底是創見有問題？還是產品發展、最佳實踐、激勵機制有問題？把美國學術機構 PDMA（Product Development and Management Association）發表的創新研究報告與大灣區的情況作比較，會是他研究的方向。

HK Tech 300 合作夥伴

FHKI 給初創新手的話

創科是一個很奇妙的過程，你可以將你的概念，或者某些科技實現。怎樣由0變1，這個過程很困難；再進一步由1變100，讓你的產品給消費者認識，給全世界人的認識，這絕對是一個很難得的人生經驗。所以我很鼓勵大家嘗試，學者也好，同學也好，可以向外推廣他們的科技和技術，實現他們的理想。

6

將二氧化碳抓回地底的藻碳科技

Alcarbo

現代社會都在說減少二氧化碳排放。但除了減少排放外，
藻碳科技創辦人兼行政總裁吳佰謙（Nelson）稱靠着微藻，
還可以在大氣之中回收二氧化碳。
那捕捉到的二氧化碳又要如何處理？
「最理想是把吸飽二氧化碳的微藻收集起來，盡量脫水、
把它們封存埋在地底，對抗氣候暖化。」

減碳、實現碳中和是當下社會的熱門議題。而減碳，除了是減少人類活動的碳排放，也可以是把大氣之中的碳回收，減少二氧化碳等溫室氣體對氣候的影響。說到回收大氣中的碳，自然讓人想到植樹造林，通過光合作用吸收二氧化碳。只不過同樣是進行光合作用，水中浮游的藻類，吸碳能力理論上是陸上樹木的 400 倍。一如古代樹木變成了今天地底的煤，現在埋藏在地底的石油，就是古代藻類等浮游生物所化成。把燃燒石化燃料釋放出來的碳封存回地底，則是藻碳科技（Alcarbo Technologies）正在努力研發的方向。

由殺藻變為養藻

藻碳科技是由 HK Tech 300 孵化的初創企業，其三位創辦人都是來自香港城市大學的傳染病及公共衞生學系。創辦人兼行政總裁吳佰謙（Nelson）稱，藻碳科技正在研發的「光化生物反應器」，源自三人在城大實驗室的研究項目。正在城大攻讀博士的他，當時研究的是納米氣泡對藻類的影響。他們的實驗一開始其實是想幫漁民殺藻，解決紅潮，以及漁池的泛藻問題。但在實驗過程中卻發覺：「納米氣泡除了可以殺掉有害的藻類，也可以促進益藻的生長；比較實驗對照組結果顯示，益藻的生長快了。」三人在閒談中提及，何不把這個科技成果落地，用來對抗全球暖化？此時是 2021 年，HK Tech 300 啟動的年份，他們以「智慧納米藻類固碳及水質改善技術」為名的項目得到種子基金，一年後再取得天使基金，發展為藻碳科技，並通過 HK Tech 300 入選科技園公司的 Incubation 計劃。

從種子基金十萬元開始

Nelson 坦言，若不是參加了 HK Tech 300 ，今天也不會有藻碳科技。從種子基金十萬港元開始，計劃給予他們很高的自由度，讓他們嘗試去製作減碳產品，更有創業導師幫他們微調商業模式。他指院校內的博士生多數都是技術型，不太懂得做生意，很需要商界人士的意見，讓他們的商業模式可以更貼地，也為公司帶來資金和人脈關係。但整個計劃最重要的其實是機會，單單是投資，他們也做不出藻碳科技這個項目。「我們很會養藻，養得又多又快，吸收了很多碳，但商業模式是什麼？幸好創業導師林曉鋒教授分享了很多意見給我們，讓我們調整商業模式，才把納米氣泡技術變成一門生意。」

光化生物反應器的巧妙

藻碳科技設計的「光化生物反應器」採用納米氣泡技術，這些氣泡可以提高水中二氧化碳的濃度，加長其溶於水中的時間。讓反應中的微藻，碳捕捉效率提升 15%，二氧化碳量吸收量則提升 12 倍。在反應器中真正捕捉二氧化碳的，是生長其中的

培育最佳微藻

「光化生物反應器」內的微藻，是先從超過75,000種藻類中，篩選合適的種株，然後使用誘變劑誘導野生藻類基因組，進行隨機DNA突變，培育出吸碳力最高的微藻。這些藻類有生長快、吸碳力高與營養豐富的優點。Nelson稱他們採用比較天然的隨機突變去培育微藻，其實只是加速了微藻的自然突變。沒有用基因編輯等更新的技術，原因在於這樣有機會承擔一些未知的風險，藻碳科技希望盡量不碰基因編輯這條線。

Alcarbo用自行研發的「光化生物反應器」及納米氣泡技術，來提升微藻的吸碳能力。

微藻，為了選擇吸碳能力比較高的微藻，他們做了很多測試。Nelson 指他們目前設於元朗新田的實驗場地，也有接近二十種微藻正接受測試。他們一直在檢測哪些品種的微藻吸碳能力較高，然後再做它來實驗。

光化生物反應器與其他微藻養殖設施的分別在哪裏？Nelson 説反應器其實只是提供一個適合的環境讓微藻生長，由它們去做減碳這個動作。因為要提供一個最適合的環境讓微藻吸碳，所以這首先要是一個戶外的設施。他指有很多類似的裝置是室內的設置，但室內設備需要補燈。既然製作這裝置目的是要減碳，就應該要盡量節能，自然要用室外的自然光，而減碳的另一要素是減少材料。藻碳科技設計的反應器最初是有支架的，在開發過程中，他們一直嘗試去刪減支架及其他材料，減低裝置的碳足跡。此外，在外形設計上，他們選用了平板式反應器。他說同類反應器外型各異，有些像個水池、有些是一支支管狀，而平面是當中公認效率最高的外型。問題是這種形狀的設計生產成本高昂，為此他們在設計上作了很多改良，做出了效率高、價格也不會太貴的平面式反應器。

最後的解決方案

微藻會在反應器內進行光合作用，將二氧化碳轉化成多醣，期間它會進行細胞分裂，於是反應器內的微藻會愈來愈濃，也就是說愈來愈多細胞在裏面。到了某個濃度，微藻就會因為太擠迫或者太老，慢慢停止生長。這時候就要把微藻收集起來，把它們盡量脫水，之後埋藏，然後重新進行這個循環。Nelson 表示最理想、吸碳效率最高的處理微藻方法，就是把它們埋在地底。這有點像逆轉開採石油的動作。但直接埋藏微藻不符合經濟效益，所以他們亦嘗試將微藻內的蛋白質和脂肪酸先抽出來，才送去埋藏。但這樣做會降低吸碳度，需要把握適度的比例。同時這個光合生物反應器設有自動清洗的功能，因為在他們聽取相關業界人士的意見中，很多人反映反應器很難清洗這問題，於是設計中加有自動清洗的功能，從而省略清洗反應器的人手。因為要做到大規模減碳，就需要在大的場地設置最多的反應器，反應器需要盡量做到自動化。這套系統目前的碳捕獲率大約等同 68 倍面積樹林，並在 2023 年底得到 CMA 檢定中心的認證，現正申請國際機構的碳信用額認證。

有了吸碳效率高的吸碳裝置之後，要如何把它們送進市場呢？誰會需要這樣的裝置？藻碳科技的營運會以提供服務為主。因為光化生物反應器在安裝以後，需要運作和維護，所以藻碳科技是以整個服務的形式跟客戶商談。例如客戶想在某個位置減碳，又或者發電廠想減碳，他們就在指定地方興建設施，然後營運這些設施。Nelson 表示目前在香港對減碳服務有興趣，需要

位於元朗新田的微藻養殖場

藻碳科技提供解決方案的客戶，通常都是想增加 ESG 評分的建築公司或者商場。他們提供的設置場地，會有工地或者天台，甚至有更奇特的想法：把藻缸引入大廈建築設計內。但他指在香港設置反應器的難度頗高，主要是因為地方有限、效益不高等問題。香港土地的局限影響最大還是埋藏這個步驟，他們正研究在中東那邊推廣服務的可行性。「因為那邊有很多荒廢的油田，最適合埋藏微藻。」他說。

由漁業出發的初創

除了主力的減碳服務之外，藻碳科技也在生產功能性藻類。這些產品是各種濃縮藻，最主要用途是給漁民孵化魚苗時用。購買現成的魚苗價格既高，還經常有病，所以漁民會嘗試自行孵化魚苗。而要養魚苗，就像養嬰兒一樣要有奶粉。這些濃縮藻就是魚苗的奶粉，是魚苗或者魚苗所吃的微生物的食糧。這些產品濃縮了，漁民就不需要用一個大池、大量的水去養藻餵魚苗。像他們接觸過一些養蠔的公司，每天要泵數以噸計的藻水餵蠔，而一包濃縮藻就約等於半噸藻水。這些產品目前主要以機構，或者像海洋公園、新加坡大學等顧客。反而本地養漁業還要一點時間去推廣，「他們有自己的堅持，需要慢慢溝通。」Nelson 解釋道。

藻碳科技的起點本就是為解決漁業問題而做的研究，他們的團隊一直和漁民有很多互動。Nelson 説在城大讀博士時，有一支漁業的獸醫隊，會四出幫助本地漁民。Nelson 和他們建立了聯繫，通過他們才找到新田的場地。作為回報，當漁民發現有藍綠藻，或者紅潮問題，會拿樣本給他們，請他們化驗是否有毒、應該怎樣處理。對藻碳科技來説，漁民提供樣本給他們，也讓他們藉此收集到不少本地的藻種。

最愛海洋生物

Nelson 自言從小就喜歡海洋生物，讀中學時就很堅定地想從事這方面的工作。但在香港很難找到這方面學科，所以去了台灣海洋大學升學。學成回港後在漁場工作一年後，又去蘇格蘭攻讀水產病理學，然後再進城大傳染病及公共衛生學系。他説自己本來想找漁場相關的工作，最感興趣是興建漁場、系統設計這些部分。而另一個他感興趣的方向就是健康管理和微生物，健康管理是指漁類的疾病問題，也因而往蘇格蘭深造。Nelson 稱藻碳科技是一間小公司，成員之間比較多補位，但還是稍為分工。他較多負責面向公眾、尋找投資者、構思商業模式。另一位創辦人陳君瑋（Bill）通常做實用研發、系統設計的工作，負責新田裏面的操作。而張恩柱（Rex）因為還在香港理工大學工作，所以會更多做基礎研發，像是篩選變異藻種的工作。

藻碳科技源自張恩柱、吳佰謙和陳君瑋（左至右）三人在城大實驗室的研究項目。

Alcarbo 幾位創辦人各有職責，在元朗新田的實驗場地，也有接近二十種微藻正接受測試。

初創面對的困難與機遇

對藻碳科技來說，在香港經營最大的困難一定是場地。當他們需要較大面積的實驗場地時，就花了不少時間和人脈才能找到。而要做到碳中和，場地是多多益善的，除了北上大灣區尋找土地，他們在官網中舉的例子則是撒哈拉沙漠。2024 年 3 月他們隨香港科技園公司到中東國家考察，覺得那邊機會很大，地方又多、陽光也非常充足。所以正和當地密切交流，看看有沒有機會在那邊發展。而東南亞和大灣區，也是他們希望拓展的市場。另一件讓他感到頭痛的問題，就是資金的運用需要很小心。「就算藻碳科技馬上找到客戶想要減碳服務，我們也需先墊支建設光化生物反應器，然後再收取費用，所以我們對資金需求不小。」他説不少資助都是採用實報實銷模式，程序繁複，因此不少初創企業都會遇到現金流的問題。

Nelson 説團隊由第一天開始就自我反思藻碳科技可否生存下去，現在的業務計劃是否可行？也經常和同行交流，「因為會明白初創的人就是做初創的人。所以當遇到困難，我們都會互相交流。」特別是因為 HK Tech 300 的生態系統，將很多類似的初創公司聚在一起，形成了一個社區，大家因而有更多的交流溝通，否則大家做的東西不太一樣，就比較難交流。

Alcarbo 給初創新手的話

若是覺得一項科技可以幫到其他人，有它的作用，就先不要考慮賺多少錢，先想方法去把它落地。現在整個社會氛圍都很值得年輕人去嘗試初創，有很多人幫忙，很多訓練，有很多平台可以申請資助。如果有一個好的想法，請嘗試初創。

7

HK Tech 300 合作夥伴

香港中華廠商聯合會推動本地工業與科研互補發展

CMA

香港發展創科的優勢是什麼？

香港中華廠商聯合會會長盧金榮博士說：

「香港擁有雄厚的工業基礎、廣受國際認可的產品檢測及認證服務、豐富的品牌創建經驗，還薈萃國際化科研和各種專業人才，無論是『香港製造』抑或『香港品牌』，在國際市場都有很高的認受性，有利本地以至內地的初創及創新產業落戶、甚至『走出去』。」

2024年踏入九十周年的香港中華廠商聯合會（廠商會）是陪伴香港經歷多次產業轉型、擁有超過三千家會員企業的非牟利工商團體。作為本港工商界的重要持份者，廠商會多年來積極推動傳統工業升級轉型和新型工業化發展，旗下的CMA檢定中心提供的檢測和認證服務，一直是協助香港產品開拓國際市場和本港科研商品化的重要推手。

需要與時並進的香港工業

為了推動產學研緊密合作，讓港產科研發揮更大的經濟價值，CMA檢定中心先後在2021和2023年成立的科技商品化平台「CMA + TC Hub」和中試轉化中心「PMC」（Pilot Manufacturing Centre）。盧金榮指出，「這兩個平台主要是協助中小企和業界，利用科技提升生產效率、產品質素和科技含量，藉此提高香港的『新質生產力』和競爭力。特別是現在國際地緣政治局勢緊張、勞動成本增加，更需要工業物聯網、大數據、人工智能等科技去協助生產。要知道，每隔一段時間，就會有新一波工業革命，廠商會希望企業能加快利用科技升級轉型，與時並進，適應國家發展『新質生產力』的新浪潮。」

親身體會工業轉型

作為「廠二代」的盧金榮曾帶領家族企業成功升級發展，對於「轉型」的箇中滋味自有一番體會。「企業轉型其實反映整個產業的更新迭代，並不是單一企業在變；當整個產業都在提升、發展時，我們必須順勢轉型才能保持競爭力，事實上，當時我們的生意夥伴、下游的客戶，也跟着一起變。」

他的家族企業由上世紀 70 年代生產卡式錄音帶，到後來轉為製作光碟等數碼、電子產品，再到引入數碼化管理，至近年更涉獵各種新興科技產業，包括再生能源、環保能源、儲能和環保技術等，帶領家族企業「開疆拓土」。「傳統產業要成功升級轉型，第一要有適合的科技；其次要看到市場發展的方向，了解市場的需要及缺口；第三就是在產業升級過程中，能否做到由上而下，完全進入新的發展模式。」

香港的初創優勢

工業革命的發生離不開由初創企業提供的革新技術，盧金榮認為香港是一個很適合成立初創企業的地方。首先是營商環境的優勢；香港是一個非常國際化的地方，普通法制度、完善的知識產權保護制度、稅率低、稅制簡單，使全球各地企業、買家和

中試轉化中心

廠商會旗下的 CMA 檢定中心設有科技商品化中心「CMA + TC Hub」與中試轉化中心「PMC」。其中 PMC 是提供「中試」服務的平台，中試又稱「中間性試驗」，指科研成果後續的實驗，以及產品在量產前的測試調整等過程，包括應用開發、科技轉化、設計定型、小批量試產和用戶試驗等。中心佔地 25,000 呎，聚焦解決中游轉化和量產前的技術難題，從廠房布局、生產、物流、數碼化、智能化，以至工業物聯網等，支援企業設計和建立智能生產線，減低產業化過程中的技術風險。

2023 年開幕的中試轉化中心，協助研發團隊解決中游轉化難題，完善本港創科生態鏈。

投資機構聚集於此，有利初創企業尋找發展資金、合作夥伴和客戶。本地市場也是個適合初創企業測試新產品和新服務的理想基地。

第二，政府近年積極推動創科及初創的發展，設立了創科創投基金和「產學研 1+」計劃，亦成立先進製造業中心及數據技術中心。而在吸引人才方面，優秀人才入境計劃由 13 項增加到 51 項，其中包括創新科技以及創意產業範疇，引進更多高質素人才和專才來港。第三，香港的大學的基礎科研水準非常高，更擁有 5 所世界百強大學。第四是香港背靠祖國的龐大市場和完善產業鏈。

而第五點則是「香港製造」的品牌效應。過去半世紀，香港產品在國際市場上累積了良好的口碑，加上第三方產品檢測及認證服務成熟並獲國際認可，因此無論是「Made in Hong Kong」抑或是「Made by Hong Kong」，都能贏得海外客戶的信心。盧金榮稱廠商會早前做了一個研究，探討香港品牌在大灣區的認受性，發現大灣區消費者普遍對香港品牌很有信心，甚至願意以貴 5 至 10% 的價錢購買香港的產品，「特別是一些香港藥品、食品和健康產品，信譽都非常之好。」為了將香港品牌的優勢發揚光大，廠商會屬下設有香港品牌發展局，透過每年舉辦的「品牌選舉」，以及近年建立的香港品牌名冊，提升「香港品牌」的集體

HK Tech 300 與廠商會的科技商品化平台有着共同目標，盧金榮希望藉着創新企業，幫助會員企業的發展。

形象的知名度。近年品牌局更推出「香港 • 進 • 品牌大灣區」項目，在澳門及廣州舉辦大型品牌展示活動，協助香港品牌以大灣區作為切入點，開拓內銷市場。

創科轉化落地的挑戰

有優勢自然也有挑戰。盧金榮認為，香港的初創企業面對的最大困難是融資。香港特區政府的最新數據指出，本地研發公私營投入比例為 59:41，以公營為主，其中又以大學為多。「香港沒有發展創科產業的傳統，加上創科產業風險高、回本期長，本地私企對風險投資並不熱衷。」

其次，經過漫長的「去工業化」後，香港欠缺了「產」這環節；缺乏量產能力之外，製作產品原型和試產配套亦愈來愈少。同時，在全球群起「搶人才」的背景下，香港科技人才、尤其是應用型人才（如工匠、中試項目統籌經理和知識產權專才）十分短缺，恐怕會窒礙初創企業將科技成果轉化為商品的步伐。

「香港有很多科研、特別是基礎科研是世界知名的，這些成果可以怎樣落地呢？這是一個關鍵。」盧金榮說，「最重要是大學要多些與業界溝通，多些思考如何將科研落地及市場化，而不能只顧在象牙塔發表論文。」他建議學術界可以利用廠商會的科技商品化平台、中試轉化中心，與業界多些聯繫溝通，了解業界的需要，特別是研發一些關鍵性的技術，以及一些行業的共性技術，都有利大學科研與市場結合。他舉出近期協助一個產品綠色化為例子，「綠色產業需要新技術進行低碳生產，CMA + TC Hub 早前協助一間企業物色到一項原本用於生產口罩的技術，成功研發出一款自潔免洗環保寢具。從環保的角度出發，減低布料的清洗次數，就減低了碳排放，不但可為推動環保作出貢獻，亦幫助廠商提升產品競爭力。」

「政產學研」合作可互補長短

事實上，要推動香港的創科發展，就必先要加強「政產學研」四方面的協作，而在「政產學研」生態圈內，HK Tech 300 處於「學」和「研」，而廠商會的科技商品化平台則是「產」，兩者之間有很多合作機會，難怪成為 HK Tech 300 的策略性夥伴。盧金榮表示，HK Tech 300 與廠商會的科技商品化平台有着共同目標，HK Tech 300 致力培養創新的企業，將科技商品化，三年內要培養三百間初創企業；而廠商會亦希望可以藉着這些創新的企業，幫助會員企業的發展。「所有創新科技都要有產業的支持，而產業亦需要科技的幫助，讓他們可以升級轉型，雙方可以互補長短。」盧金榮稱廠商會希望可以在 HK Tech 300 發掘到更多新技術，與業界分享、配對，讓他們了解學術界有什麼新科技，可以應用到自家產品上。

科技商品化中心

CMA 檢定中心的科技商品化中心 CMA + TC Hub 提供多元化檢測服務、先進實驗室及共享空間等，讓企業進行產品設計及研發，同時利用廠商會的商業網絡，促成「政產學研」合作。中心坐落於火炭工業區，設有佔地 5,000 呎的分子實驗室、有機化學實驗室，以及分析化學實驗室等先進設施，減輕參與企業研發的資本投入，同時與科研機構和傳統廠商搭橋，為企業配對合適的技術，至今已有近 20 間企業及初創團隊進駐。

作為策略夥伴，廠商會多位副會長、常務會董、會董以至會員都參與了 HK Tech 300 的項目評審和導師工作，他們來自資訊科技、金融、生物科技等不同行業和領域，提供專業知識和意見給初創企業。盧金榮認為他們挑選項目的標準有三，首先是看技術獨特、原創性；其次是發展潛力，即是否符合市場或業界的可用性需求；第三就是成本，若可以控制到新科技的成本，企業的接受程度就會大大提升。

初創團隊面對的挑戰

盧金榮觀察到，初創團隊最常見的問題，是成員難以簡潔地向評審闡述其創業理念、新技術的特點，以及如何將新技術推動至市場化應用。另外，初創團隊在成本估算方面亦有進步空間，「如果成本估算得太低，很可能在獲取創業基金不久後便面臨資金不足，影響企業的長期營運。」盧金榮強調，初創團隊要發展成穩定營運的企業，就必須確保營運模式具有賺取盈利的潛力，並需估算開始獲利所需的時間，所以初創企業需要制定一份周詳、貼合市場實際情況的計劃書和預算。這樣的創業計劃才更具説服力，以爭取投資者的支持。

市場化的關鍵一步

初創團隊的新科技要轉化落地，就必需經過製作產品原型和試產階段，而 CMA 檢定中心屬下的中試轉化中心正好可以提供有關服務。盧金榮認為，這些設施可以幫助到 HK Tech 300 的初創企業提升成果轉化的效率和成功率，協助他們的產品更加容易獲市場接受，同時為他們的產品進行檢測和認證，確認產品效能達到標準。「香港是一個認證產品的好地方，無論是設計、研發還是生產，在世界上都有較高的認受性，所以香港的產品在市場上會有優勢。」盧金榮說。

談到廠商會未來的會務大計，盧金榮稱廠商會一直以來扮演業界與政府之間的橋樑角色，爭取政策支援工商界發展，改善香港的營商環境。具體工作包括：協助會員利用數碼化、智能化技術，發展「新質生產力」。第二就是推動廠商加快綠色轉型，廠商會先後設立了 ESG 約章行動和香港 ESG 獎，加強業界對 ESG 理念的了解和實踐能力，把握綠色商機，並實現永續發展。第三，由於傳統歐美市場面臨萎縮，廠商會會積極協助會員開拓新市場，例如東盟、中東、其他「一帶一路」國家，以及內地內銷市場。「單是大灣區已經有八千萬人口，而整個中國有十四億人口，雖然以往廠商會以出口為主，但近年不少港商已經留意到內銷市場的龐大商機，紛紛以電商、帶貨直播等模式，進軍內地，以抓緊國家內循環發展的商機。」

CMA 給初創新手的話

有志發展初創事業的青年人，要保持熱誠的心，投入自己的興趣之餘，還要找到志同道合的夥伴一起創業。青年人應該趁年輕去創業，因為愈年輕，負擔就愈少。如果你結了婚有了小朋友，負擔重了，顧慮就會多了。所以愈年輕去創業愈好，試錯、容錯的空間就更大。

8

環保概念再造立體聲音響宴的

Invisible Tech

聲音如何通過科技由雙聲道變立體聲？
智研創科（Invisible Tech）的技術顧問、
城大電機工程學系的退休教授曾偉明解釋：
「人類左、右耳聆聽聲音時會有些微的差異，重塑這些『差異』，
就能讓大腦接收到比真實聲源感覺更寬闊的聲效。
問題是傳統技術重塑的聲音，聽起來較機械化，有種生硬的感覺……」

優質音效不僅可以提升遊戲的沉浸感，還能在電子競技比賽中為選手提供必要的環境線索，幫助他們作出更快的反應。「我們過去為電競館製作的音響就是為了提升玩家遊戲體驗，同時也為電競館提供一種提升服務質素的方法。」智研創科的聯合創辦人之一張毅鏗（Henry）說道。他們研究如何用廢棄木材的質料達到最佳的聲學質素，建立自己的聲學架構，在香港狹小的生活空間提供有水準的音效。利用這個架構，加上可持續產品概念，他們造出一系列環保的音響。

智研創科的三位創辦人，李柏如（Patrick）、張毅鏗（Henry）和溫卓傑（CK）是香港大學工程學院碩士課程的同學，環保音響項目最初是他們三人的畢業作品，得過多個創科比賽獎項後，他們先後參加了香港科技園公司的 Ideation 和 Incubation 計劃，更獲得日本 Panasonic 公司的垂青成為其專利技術的合作伙伴，繼而加入 HK Tech 300，成為其天使基金初創企業。

創辦人之中，Patrick 是項目的負責人，掌控整個初企的研發方向、環保及教育的環節。Henry 負責項目的市場行銷及商務創新，他過去從事人力資源及項目管理的工作，後來放下穩定工作去追夢，在不同國家舉辦電競比賽，也出過一本相關書籍——《電競解毒——從電玩中贏得親子關係》。CK 則來自資訊科技行業，負責項目的營運和發展。

由畢業功課變成初企

他們三人憶述，當時課程要求學生運用書本知識創業；如果項目有真實收入，則是計分時的重要考慮因素之一。一般學生可能會搜集資料做一份業務報告了事，但有過工作經驗的他們，從一開始就把這個畢業項目當成一門真正的生意，構思不同的生意點子，直至今天的研發工作仍在進行中，當然最後畢業項目也拿了一個很高的分數。

他們自己動手研發環保物料音響，同時利用電子商貿的手法，online to offline to online（O2O2O）策略去銷售產品。「顧客買音響，通常不會像一般人網購，在網上見到合意的貨品就下單，一定要聽過實際的聲音才作決定，所以多數會落店鋪現場去聽。」智研創科的策略是先在網上（online）吸引客人，然後讓他們在網下（offline）的場地試聽，再回到網上（online）買。那份畢業功課其實主要是研究這種銷售策略，同時製造了適合這種策略的產品。這產品放在當時香港最大規模的電競館內做實體展示，而且很受客人的歡迎，令到他們信心大增。

升級再造的環保產品

智研創科的主打產品紅酒箱喇叭，除了引入可持續的環保概念，亦希望有奢華的感覺。「與其循環再造（recycle），不如升級再造（upcycle）。」Henry 強調，很多人覺得 Upcycled 物料一定是便宜貨，他們偏偏要反轉這想法。顧客見到紅酒箱做的音響，自然首先被環保物料吸引。當他們聽到音響質素，發現比期望高很多之後，整件事就變得更有趣。市場上用廢棄物料做的各類產品很多，但在裏面加入科技創新元素的很少。很多人覺得提升產品價值和環保是兩件事，但其實將兩個目標結合，才能夠持續下去。

紅酒箱雖然在外觀上提升了生活品味，但也帶來內在的技術痛點。受限於酒箱大小固定，左右聲道過於接近，一般人難以分辨，更聽不出電影的環迴立體聲效。要用這樣的環保物料做出接近歐美品牌產品的效果，靠的是創新的科技。

城大專利解先天痛點

紅酒箱呎吋有限制，但通過 HK Tech 300，他們發現「三維立體聲效應」專利，並以合理的價錢獲授權使用。而這項專利的發明者、城大電機工程學系的退休教授曾偉明更積極參與研發，將本來是軟件應用的技術開發為硬件，置入喇叭，實現商品化。他們又通過研究不同的音響物料，深化技術，建立自己的聲音架構，通過「三維立體聲效應」及音場擴展技術的彌補，將聲場擴闊，讓顧客通過小小的音箱，都聽到幾個喇叭才能發出的聲音環迴效果。他們的產品還得到《發燒音響》雜誌的主編，以及世界冠軍級口琴演奏家的讚賞。

創意篇

Charlie Ma 馬中超

Invisible Audio 終於現形

182

創意篇

183

智研創科的紅酒箱喇叭，音質效果連音響雜誌也喜出望外，可見結合環保物料及音場擴展技術的聲效，得到專業認同。

擴展音場的專利技術

早在 1970 年代，曾偉明教授已接觸到擴展音場的技術。這技術利用人類左、右耳聆聽聲音時，有些微「差異」的特點，重塑這「差異」，讓大腦接收到比真實聲源感覺更寬闊立體的聲效。問題是傳統技術重塑的聲音，聽起來較機械化，有種生硬的感覺。像是用針刺自己的手指，最初會很痛，但持續下去可能就麻木、感覺不到。而曾偉明的「三維立體聲效應」技術就是在擴闊傳統音場上，加上一個刺激聽覺的信號。刺激會有間隔、變化，變的過程中，聽眾會感覺到音場擴闊了，而且不同的時間會有新鮮的感覺，令擴闊的感覺更加強烈和到位。

城大知識產權應用

專利名稱：

Audio Spatial Effect Enhancement

城大專利編號：IDF no. 211

專利發明人：　曾偉明

「三維立體聲效應」專利技術解決了紅酒箱喇叭的技術痛點，當時他們是如何選中這項技術呢？智研創科的團隊指，在研發喇叭的過程中，他們看遍了幾間大學可以轉移的專利，發現城大的專利技術最容易落地，其他院校的技術都較偏向理論、基礎。團隊其實曾考慮過自己研發技術，申請專利，但這樣做可能需時數年。Patrick 表示使用城大的專利，將整個產品研發周期由三至五年變成不到一年。加上 HK Tech 300 提供的啟動資金，讓他們可以迅速把產品投入市場。

已經從香港城市大學電機工程系退休，如今是智研創科技術顧問的曾偉明稱，十多年前研發三維立體聲效應技術，是為了回應一位城大知識轉移辦公室同事，關於「能否用普通喇叭，播放聽起來動聽的音樂」的疑問。他於是研究出這項技術，進而申請了專利。但專利只是一些初步的理論，而智研創科團隊能夠將抽象的理論，想像成實際的應用，引導曾偉明將其落地，之後又根據時下年輕人喜歡用串流聽歌的習慣，開發出支援串流的第二代產品。

教授的音響專利庫

Patrick 十分欣賞曾偉明充滿探索發明的熱情，雖然已退休，但還落力為他們提出的應用場景，提供技術研發的支援。Patrick 稱：「除了三維立體聲效應，曾教授還有很多很有趣的專

製作酒箱喇叭的紅酒箱有一定的品質要求，回收時要協調成本、儲存、收集等程序和細節。

新成員帶來新創品

智研創科的產品中還有「音響家具」系列，這產品的創意來自較後期加入團隊的另一位創辦人陳國強（Simon）。他從 2003 年起創立自己的家具公司，從事家具設計、製造和銷售近三十年。他在電視上看到關於智研創科紅酒箱喇叭的報道，就主動聯絡 Invisible Tech 團隊，希望可以合作將充滿設計感的家具與音響結合。Simon 的加入，除了為智研創科帶來新的產品構思，還給團隊帶來生產設備及產品出口的經驗。

李柏如
項目創辦人
（環保及教育）

溫卓傑
項目創辦人
（營運及發展）

陳國強
項目創辦人
（產品設計
及生產）

曾偉明
專利發明者
及技術顧問

張毅鏗
項目創辦人
（創新及
市場）

智研創科與地的紅酒批發商合作，
回收合適的紅酒箱，貨源充足。

利，有些是用腦電波來控制音場⋯⋯我們也在探索是否可用這些技術開發新產品。」

曾偉明強調，城大在創新科技方面一直做了很多工夫，早年知識轉移處裏的同事，與各系教授、研究生、工業界已有不少互動，又強調發展技術要了解工業界、商業界的經驗和需要，累積了十多年的經驗和人力物力在推動創新科技上，終於在 2021 年建立了 HK Tech 300 這樣好的創科平台。

中高檔定位更環保

除了採用創新技術的音響設備，智研創科的另一營運重心是可持續性理念。製作酒箱喇叭的材料是紅酒箱，他們通過與零售、批發等商戶溝通，回收使用過的紅酒箱。過程中也需要向商戶解釋，「能夠讓它們的客戶，一邊飲着最愛的紅酒品牌，一邊聽着用該品牌酒箱所造的音響，對提升品牌價值大有幫助」，以此來打動酒商把廢酒箱交給他們，而不是直接送去堆填區。畢竟，製作喇叭對回收木箱的狀態有一定要求，不能損壞太多。雙方要協調成本、儲存、收集等程序和細節。而在製作過程中也有很多微細的木工工序，在生產過程中也經過反覆嘗試。

團隊相信當中經歷的困難、所需的時間，比使用全新材料研發新產品多。Patrick 表示：「環保回收是一個很困難的行業，因為你收回來的物資，有很多不確定的因素，例如它的質素、狀況，是否適合以人手去分類。」在音響家具上，他們也在研究如何大規模應用回收廢料，把木碎、廢膠、玻璃打碎、混合、壓縮成新的物料，製作一些由英國設計師設計、形狀花俏的「家具」，代替昂貴又浪費樹木的實木材料。

正因為環保回收涉及很多人手工序，成本並不低，再加上建立品牌的考量，智研創科把目標市場定在中高端。負責項目營運和發展的負責人 CK 指顧客會好奇：「利用二手物料製成的產品標價幾千元，質素是怎樣的？」把目標市場定在中高端，才能做到升級再造，突顯廢料變成有價值產品的效果。他們不諱言，都市人對定價太低的產品往往不夠珍惜，用完即棄，又會造成二次污染。他們的定位，就是希望引導顧客珍惜產品，盡量減少二次污染。

環保與社會責任雙贏

現時智研創科的本地生產團隊當中，也聘請過了 65 歲的退休人士，如退休的木工、電工來生產。一方面他們希望控制成本，另一方面，也有企業社會責任的考慮。「讓退休人士為社會貢獻力量之餘，也增加一些額外的收入，達到雙贏的情況。」至於生產的物料，他們經過了逐店拍門，希望店家提供紅酒箱的階段，現時已和本地的紅酒批發商合作，貨源充足，每月產量可達300–500個，年產6,000個喇叭都沒有問題。團隊亦在發展以廢木材所造的STEAM教育套件，希望將ESG融合科技教育，及早讓下一代動手造及接觸環保及創新科技，該教育項目已獲得香港數間知名中學應用，在教育行業這個板塊上尋找到新的定位。

因應政府對環保的重視及要求，如商業廢物送往堆填需要收費，大企業都在各層面探索新的環保方案，減少使用堆填區的費用。企業都想方設法處理各種不同類型的垃圾，例如酒瓶、木箱等等，這對智研創科的產品，以至其追蹤廢料、升級再造產品物流過程的技術，都是商機。Henry指出，從2025年起，港交所將要求上市公司在ESG報告中遵循更高的披露要求，展示它們如何應對溫室氣體排放。而像微軟（Microsoft）這樣的大企業非常重視ESG，不僅是企業本身，其供應商也必須符合ESG的要求。智研創科的產品和服務恰好能夠滿足這些標準。

實體產品的優勢

相比起多數初創主打某種技術或服務，智研創科以傳統的音響為主業，逐件逐件賣的產品，對投資者來說，好像怎樣都不及以人頭計算的服務吸引。那為什麼他們在眾多產品選擇音響行業呢？Patrick指音響產品，價位幾十元到過百萬元都有，不同地方都有需要。前幾年疫情流行時，網絡會議興起，辦公室以至家庭娛樂對音響的需求都多了。所以團隊認為音響是有市場的，但他們要找一個創新的定位，而不是與市場巨頭如新力、三星這些企業競爭。「用 ESG 角度去做音響，就是要和大企業分隔市場，經營一個獨特的藍海市場。」智研創科的追求：第一是 ESG 環保概念，第二是音質及技術。現時很多企業都要處理 ESG 的問題，他們深信，公司的 ESG 技術可以整合到各個層面，讓不同的企業受惠，為環保及世界出一分力。

Invisible Tech 給初創新手的話

開發一件產品，不需要每個配件、每樣技術都由頭到尾自己研發製造。只要用心發掘，其實大學裏有很多現成的技術方案可以實際應用，將時間和金錢放在發展產品各個不同的重要環節，成功機會更大一些。

此外，想發展初創事業，就要有跳入地獄或者戰場的心理準備，不要心存幻想，並且時時刻刻都要保持勤奮、堅持。你會面對很多很艱苦的日子，很多難題等着你去解決，同時，要善用市場上已有的工具，包括AI，應該每天都花一點時間去了解最新的技術。在沒有很多資源的初創階段，AI可以協助做很多不同類型的任務。

9

HK Tech 300 合作夥伴

加多利集團為初創企業做好公司管治

GC Group

香港的初創企業有什麼常見的問題？
加多利集團董事總經理鄭發丁博士說：
「他們很注重、沉迷研發產品，
但輕視了公司管治，可能覺得等成功後才做也不遲。
但一間公司成功，來自整體運作，產品研發只是其中一部分，
如果將焦點全部放在研發而忽略其他部分，就會出問題。」

對一向埋頭科研的大學師生來説，如何管治一間公司，可能是投身初創時最陌生的一環。當談到初創，大眾首先想到的往往是各種科技創新的產品或技術，不過產品先進、新奇、好用，並不保證市場上的成功。若產品問世時機不對、銷量不佳，公司管治水平的高低，可能就是這間初創企業能否走下去的關鍵。加多利集團是 HK Tech 300 重要的專業服務合作夥伴，其董事總經理、執業資深會計師及税務師鄭發丁多年來見過眾多初創企業的起落，由他來談初創企業的管治，自有一番見解。

現金流定初創生死

鄭發丁用近三十年的核數會計師經驗，總結出初創企業相較成熟企業，在管治上的三個特點：「第一是比較缺乏資金、資源；第二是對資金流的管理不那麼敏感；第三是精力集中在研發方面，往往忽略商業環境、合規等問題。」他指，成熟的公司都十分着緊資金流，公司盈利還是其次。「現金流就像人的血流，若果斷了，健康的人都會死亡」。但初創公司經常只關注盈利率有多少，遇到現金流有問題才去求救，能否救得回來？就要看在什麼階段求救。成熟的團隊，會較早開始求救，遲了求救，就以失敗居多。他指初創公司開始時往往是股東自掏腰包，或向親友借貸來支持公司運作，因為在這階段銀行基本上不會貸款，除非可以很快找到創投基金注資。若果找不到資金，通常就要解散，所以初創企業的風險十分高。

想降低風險，就要有會計、公司秘書、資金管理等概念。鄭發丁指這些專業服務，對初創企業有很大影響。初企通常不會花錢請合規格的會計，但資源控制是初企一個重要挑戰，會計這工具讓初企以至成熟的企業，可以隨時掌握手上有什麼資源。會計系統可以偵測資金有沒有缺口，現金流有沒有問題。如果沒有會計系統，初創企業就只能憑感覺瞎子摸象，幾個創辦人四出借錢，或者消耗個人儲蓄，資金用光就出現問題。「會計就像企業的探熱針，想知道有沒有發燒就要探熱，不能靠猜！」鄭發丁強調。

此秘書不同彼秘書

香港公司條例一定要有公司秘書這個職位，足證其重要性。鄭發丁説人們往往將其與做文書工作的普通秘書混淆，其實這是很專業的職業，「其職責就是讓一間公司在法規上、公司註冊處的要求上全部合規。」而初創企業為節省成本，通常捨不得花錢請會計師或律師提供專業公司秘書服務，只由某位創辦人出任公司秘書。隨便找人擔任，但沒有做到要求，又或者對公司條例一知半解，會成為企業發展的障礙。因為公司秘書是處理公司架構的事務，日後有創投基金想投資，又或是需要集資，投資者會審視公司的架構，看看有沒有瑕疵。瑕疵不大的，還可以找註冊公司秘書、會計師、律師去補救；如果缺陷重大，創投資金就有可能轉投其他架構較完善的公司，直接限制了這間公司的發展。第三就是資金管理。很多初創公司沒有做預算，對每年有甚麼收入、支出，沒有完善的評估。募到或借到一筆錢，就把大部分錢花在產品科研，用到後面斷了資金鏈，不夠錢的時候才發覺。若找不到資金支持，整個初創也就散了。

過來人助初創企業避開陷阱

作為 HK Tech 300 的顧問，鄭發丁在大學設計這個創新計劃時，就從商業社會中實際的創業問題出發。而計劃一開始，作為專業服務合作夥伴的加多利集團會派出經理級成員，為參加的團隊提供會計和法律兩方面的培訓，向初創團隊介紹如何管治公司、初創會遇到哪些可能的陷阱、礁石，讓他們可以預先避開。

為什麼熱心參與 HK Tech 300？鄭發丁表示加多利集團由很小的會計師行，發展到現在有百多人的公司，初創公司遇到的辛酸，他都嚐過。所以當城大推動創業計劃時，他很想提醒參加者，避開創業路上的陷阱。此外，多年來他通過做核數工作，審計不同行業，見到各公司的優點缺點，也希望能將累積到的經驗，分享給初創的人士，提高他們的成功機會，少走一點冤枉路。

開張容易結業難

鄭發丁是香港城市大學工商管理博士（DBA）課程的第一屆畢業生，畢業之後出任過城賢匯校友會主席、榮譽司庫，更是城大顧問委員會成員，與校方有多年合作經驗。所以當校方在設計 HK Tech 300 計劃階段，他就參與了很多討論，對計劃設計提出過重要意見。他指最初的設想是各團隊要成立公司，才有資格申請參加 HK Tech 300，但在香港成立公司雖然容易，解散一間公司的成本卻很高。「香港成立公司雖然只要萬多元，對初企仍然是負擔。」所以他保證，免費幫 HK Tech 300 的初創團隊成立公司。計劃至今 14 期，他都兑現了自己的承諾，協助 HK Tech 300 免費成立了超過 110 間公司，並提供折扣的會計、公司秘書、註冊地址和開設銀行戶口服務。

但更重要的支援可能是服務退出的團隊。「在法例上公司要撤銷，正式的程序就是清盤。清盤程序要請專業會計師做清盤人，要登憲報，在中英文報紙公告，最快、最簡單的清盤都要持續九個月，費用可以由幾萬到十幾二十萬不等。」鄭發丁指出，「香

初創成功要素

初創企業成功要素的第一點是要合規。鄭發丁指出，香港是一個成熟經濟體，政府的規例、產品的規例，都要符合。不可以有僥倖心理，因為只要某一個環節不合規，就有機會令整個項目停頓或取消，所以一定要牢記合規。第二點是資金流，要保證初創公司的現金流，以至整個資金安排。第三點，初創公司要成功，不可能由一個人決定所有事情。一人獨斷的團隊容易走偏，成功的隊伍通常是各人分工合作。科研成員當然最重要，另外最好有會計、合規、銀行或市場推廣經驗的成員。最後一點是初創的產品服務要得到市場接受，所謂「賣得郁」，接不接受也看長短期。但有些團隊太過天馬行空，做出來的產品就無法被市場接受。

港公司註冊處也提供撤銷註冊的簡易程序，基本上只要一間公司沒有運作超過三個月，沒有負債，所有股東同意，就可撤銷。」公司沒有欠債可以用簡易程序，若果某間初企借了貸，已經負債的話，就要用比較正式的清盤程序，這些都對創業者造成負擔。

成功不只在研發

接觸過這麼多初企，鄭發丁發現他們基本有幾個共同問題：「他們很注重、沉迷研發產品，輕視了公司管治。可能覺得等成功後才做也不遲。但一間公司成功，來自整體運作，如果將焦點全部放在產品研發而忽略其他部分，就會出問題。」另外，很多團隊是由學界走進商界，思維上都是研發主導的。他認為成功的團隊，除了研發隊伍之外，還應該要有市場推廣、懂得商業運作的成員，很多時候他們都忽略了公司管治這方面。作為一位有清盤證書的專業清盤官，他見過一些企業，有超前的產品，不過當時市場未能接受，結果整間公司資金流斷裂，要向他諮詢清盤程序。幾年後他發現市場上出現相同的產品，還很成功。「要新產品成功進入市場，需要一定的技巧，而整個 HK Tech 300 的精髓就在這裏。」鄭發丁強調。

鄭發丁説自己和其他資深校友參與了 HK Tech 300 各個階段的活動。由早期任職工商界管理層的校友與校方高層交流，探討如何將學校的科研成果商品化，到作為顧問參與設計整個計劃，計劃開始後，自己也擔任了創業導師，以及種子、天使基金等評選的委員。鄭發丁認為，由十萬種子、百萬天使基金，到之後配對創投基金，HK Tech 300 為香港的初創團隊提供了由小到大的各種資金，解決了香港初創缺乏風險資金投資這個痛點，可説是十分成功。

HK Tech 300 的最新發展，是創立城大創新學院。鄭發丁稱，一個提供本科、碩士到博士課程的學院，能將創新、初創各要素融為一體。以往學生讀書，之後投入社會，兩個階段清楚分割，而城大創新學院可以把有初創基因的學生，從校內開始培養，由本科到博士畢業一直支持，這對香港教育來説是一個創新、先行的學院。而香港的初創企業也會有一個可以依靠的學術機構，遇到問題可以去找答案，提高了香港初創的成功機會。鄭發丁以個人求學經歷為例：他 1994 年在美國拿到 MBA 學位，回港工作、創業，到 2006 年又進入城大讀 DBA，原因是工作時發覺知識不夠用。DBA 對他最大的啟發是，相比起讀本科時是去學習知識、MBA 學習運用知識，博士學位 DBA 就是學習怎樣

由小會計師行發展到現在的加多利集團，鄭發丁望能透過 HK Tech 300 計劃，與年輕初創人士分享經驗。

鄭發丁是城大工商管理博士課程的第一屆畢業生，明白學習與事業發展絕對是相輔相成。

做研究，創造新的知識出來。通過 DBA 學到的方法，他針對客人特別的需要，研發出新的服務，所以相比起傳統會計師樓的會計、核數、報稅、公司秘書服務，加多利集團結合他學過的清盤和稅務的課程，多出這兩方面的服務。

成熟市場的優劣

談到在香港做初創孰優孰劣，鄭發丁認為，香港作為很成熟的經濟社會，確實有很多條條框框，像發展 AI 這種需要收集大量個人數據的科技，會有保護個人私隱的規則條例限制，創業環境就不如內地。

但同時，他認為香港做初創是幸運的，因為這裏多年來做生意的自由度都排在世界前幾位。在香港成立公司也沒有其他國家那麼多掣肘，香港的會計制度明確，與國際同步，加上簡單稅制和低稅率，所以香港 700 萬人口，有超過 140 萬家公司，很多跨國企業都在香港做註冊地。而且香港特區政府近年鼓勵初創，有科學園、數碼港等創科園地。他認為，城大的孫東教授出任創新科技及工業局局長，政府亦有了學術界和創科界的視點，香港將會進入更好的初創時代。

HK Tech 300 合作夥伴

GC Group 給初創新手的話

年輕人下定決心走初創路，一定要捱得苦。打一份工，放工後可以放鬆心情，做自己最喜歡的事。但創業或者做公司老闆，是24小時不能下班的，所以做初創就要有心理上的準備，體力上很辛苦、心力上也很辛苦。另外一點就是，不要墨守成規。香港教育制度比較傳統，而學術創新就是要跳出成規；若果做到這點，就是有創業的基因。

10

走向自動化安心醫保的大道

MediConCen

用區塊鏈記錄病歷有什麼好處？
醫結有限公司（MediConCen）創辦人之一楊廣業（Kelvin）指出，
區塊鏈記錄病歷可以提高數據的安全性和透明性，
從而保障病人的隱私和對數據的控制權。
它也能夠降低處理病歷的成本和工作量，提高醫療效率。
此外，但凡經智能合約寫進區塊鏈的記錄，
從開始到永遠都不會被竄改……

面對人口老化、公共醫療資源緊絀的現況，很多香港人都有購買醫療保險的需要和經驗。不過，與投保時經紀的爽快承諾不同，當身體抱恙想兑現保障、卻又「等了又等」也未得到所購保障時，過程往往教投保人不安。「社會大眾對保險的負面印象，很大部分源自於不良的保險理賠體驗。顧客買完保險後確實獲得應有的賠償，保險的價值才會體現。」醫結有限公司（MediConCen）聯合創辦人及營運總監楊廣業（Kelvin）說道。他指出，客戶購買醫療保險，預先定期付了保費，客戶合理的期望是當有病時就能得到醫療費用的賠償，可以不用擔心醫療費用，放心就醫。但實際上，當客戶就診後，往往仍要先墊支醫療費用，再去填索賠表格。而這份表格往往不單需要經紀、醫生和保險公司協助填寫，之後還要等三至六星期，期間還要回答保險公司的各種問題，最後才可以拿到應有的賠償。保險本應是在有事時作應急之用，但理賠的繁瑣流程，令客人覺得這是在騙人。醫結見到這個行業痛點，於是萌生了用創新技術去解決的想法。

找到眾所注目的痛點

Kelvin 自言曾經在業餘時，參與及創辦過不同的初創項目，當中包括社企及 IoT，對創業有一些經驗，覺得自己頗適合從事初創。他與醫結聯合創辦人及行政總裁楊廣榮（William）是兩兄弟，哥哥 William 在保險界工作多年，做過精算師和產品設計師，而 Kelvin 之前任職資產管理公司，主要負責資訊科技（IT）工作。兩兄弟一向關係親近，經常交流有趣的新意念。當區塊鏈（Blockchain）這新技術出現，William 發現它有望解決保險業的一大痛點，兩兄弟於是聯同 William 任職投資銀行的太太劉懿瑩（Jenny）一起，在 2018 年創辦了醫結，Jenny 也成為醫結聯合創辦人及市場總監。醫結很快得到各界的認同，在印度舉行的國際創業比賽得獎，更位列《福布斯亞洲》「亞太地區值得關注的 100 家企業」（Forbes Asia 100 to Watch）榜單，到底他們備受矚目的關鍵在哪裏？

醫結的產品針對的是保險業的痛點。William 表示保險業有三大痛點：首先是用戶體驗，其次是人力需求，最後是理賠決策。用戶體驗是指客戶索賠醫療賬單時，是否能讓客戶具備成功索賠的信心，這點甚至會直接影響客戶購買保險的意欲，所以保險公司需要增加客戶對成功理賠的信心。人力需求則是指在理賠過程中，需要大量人手處理文件之餘，還要由人作出各種決定。這樣既無法即時處理保單，也需要層層流程和監督，往往耗費大量時間，才能在處理人員各異的情況下，做到統一的理賠體驗，所以如何減少冗餘工作降低人力消耗是關鍵。至於理賠決策，是指如何做到公平公正、防止錯漏的理賠。若欺詐、浪費和濫用等情況很多，不僅保險公司虧損，更令賠付風險提高，從而令保費升高，最終令誠實的投保人受害。

「保險業界極看重一個問題，就是一張保單索賠能否成功？無法成功索賠也就沒有人買！」William 説。醫結提供的無紙化索賠服務，可以讓受保人在與保險公司合作的診所做到無現金的支付，縮短了受保人等待賠償的時間，令保險公司也省卻人手審核。醫結的系統，可以利用二維碼一掃即完成門診登記、保險計劃資格檢查並自動計算收費。而住院病人索賠，則能夠透個人工智自能自動配對醫院單據和受保人保單的內容，既加快整個償還過程，也避免因為不同人經手、拆單方式不一致的問題。而更進一步的技術應用，是偵測諸如重複申請、使用不相關的藥物或療程導致的濫收費用等欺詐情況。這些技術能讓保險公司做到人機合一，正如 William 所説：「我們的技術並不是取代人，而是協助人去做準確的判斷。」

創新的理念、深厚的保險背景，加上十分清楚業界痛點，令醫結很快就吸引到第一個客戶——藍十字保險，服務推出時更舉行發佈儀式，邀請了包括商政界及學術界等參與。由 2018 年至今，醫結已經服務超過 16 間保險公司。Kelvin 稱他們提供標準化的產品，但在每間公司的應用上，通常會有一些調整。不同公司提供的意見，讓他們可以不停為產品加入新元素，保持市場

區塊鏈技術

區塊鏈是運用密碼學建立的點對點網絡系統。一般市民最容易接觸到的區塊鏈應用，可能是各種用來炒賣的「幣」，但作為記錄資訊的方法，它也可以記錄醫療資訊和保險理賠交易。區塊鏈的好處在於處理資料擁有權的方法，每個參與者也可以擁有一份資料，防止他人擅自更改數據。目前主流的互聯網服務，其實是由一中央機構控制的，像一個人的Facebook（FB）帳號，裏面的資料就存放在FB、由FB擁有。要讓個人資料真正屬於本人，就要引入Web3概念，把資料存放在區塊鏈，這樣就沒有第三方可以控制有關資料，令個人能夠擁有並控制其數據。而當所有參與者都相信這一個系統時，處理交易就可以做到極致，做到完全的自動化。

上的競爭力。他指初創其實就是做 0 到 1 這一步，至於 1 到 100 很多時是通過業界參與去改進。而業界很願意幫助完善這產品，因為大家都想解決行業痛點，提升公司效率，同時推進業界向好發展。

區塊鏈與自動索賠

醫結的自動化索賠服務，背後是區塊鏈技術的應用。區塊鏈是網絡系統，系統內每個區塊記錄的資料是由所有區塊鏈維護者來保存，當有資料寫入，系統內所有的點都會同步寫入，有去中心、不可逆的特點。而在醫療領域引入區塊鏈之後，病歷就不再只屬於醫院，病人本身可以參與控制。Kelvin 指區塊鏈突破在於通過讓每位參與者放棄部分控制權，來創造一個具備公信力的系統。系統內所有數據，從開始到結束，都不會被篡改，確保了真實性。以醫結這個系統為例，病人、保險公司、醫生或醫院之間，可以靠區塊鏈技術去同步獲取病歷、診金及藥費等數據。

在HK Tech 300的收穫

作為數碼港培育的初創公司，醫結因為獲邀到香港城市大學進行演講而認識 HK Tech 300，其後得到其天使基金。城大電機工程學系畢業的 Kelvin 表示，之前也參加過坊間其他創業計劃，與之相比起來，HK Tech 300 更加全面，亦有很大的願景。

他認為加入這個計劃的收穫，首先是它有一個日漸成長的初創社區，提供了一個強大的交流網絡。對於一間初創企業來説，最重要的是找到志同道合的朋友，分享彼此的困難，或者交流創業心得，避免孤軍奮戰。其次是易於尋找投資。天使基金的注入對初創企業來説是及時雨，對其有着實質的幫助。更重要的是，有了大學背景的投資者，整個組合讓外界對公司更有信心。同時，HK Tech 300 提供的平台也讓他們有更多商業配對的機會，尋找業務夥伴或投資者。最後，城大的技術專利庫也讓參與者有機會使用其中的先進技術，而不需要自行研發。

事實上，醫結參加 HK Tech 300 最「實質」的收穫，可能就來自城大的專利庫。在為客戶提供自動化索賠服務的同時，有些保險客戶希望醫結可以提供虛擬診症的解決方案，去配合自動化的索賠系統。醫結正在開發一款診症機器，通過視像通話，搭配一些醫療儀器，讓醫生通過網絡提出診療解決方案，例如為客戶與醫生提供「虛擬面對面」接觸的體驗，有別於現時普遍使用智能手機的方法。除了負責方案中的軟件部分，他們還在城大的專利庫中，找到一種全息技術的專利用於解決方案中，並透過城大知識轉移處還聯繫了發明這個專利的退休教授。Kelvin 稱這位教授欣然同意參與，經常和他們溝通，很熱心地幫助他們把這項技術落地，並且目前已經在製作相關的樣機。

醫結利用區塊鏈技術的自動索賠系統，目標就是要做好理賠體驗。

家庭初創團隊

創投、企業管治專家多會強調初創團隊組合的重要，尤其是在科研成員之外，應有負責企業管治及行銷的成員在內，這一點醫結的團隊組合可說恰到好處，Kelvin 負責技術，而 William、Jenny 兩位則是金融、保險背景，並非一面倒的科研人員。另一方面，醫結是由一家人組成的初企，工作與家庭生活無縫接合，合作起來有沒有要特別注意的地方？Jenny 認為一家人組成的團隊其實有優勢：「因為是親人關係，所以有不同意見或想法的時候，都會勇於表達，令事情更加容易解決、更有效率。」

而 William 就強調初創企業一定有爭拗，問題是如何理性討論並尋找方向。他指自己曾在保險公司類似環境中工作。當時，公司給出預算，組建一個團隊建立一個數碼平台，也是團隊領袖、主管和行政總裁的組合，就當是一間初創來運營。中間經歷了高低起伏，也遇過很多不同的衝突。「最重要的是如何求同存異，保持開放的態度，針對事情尋找好的解決方案，也要坦然面對工作中的小失敗。」Kelvin 則表示，雖然公司主要由三人經營運作，而身為 CEO 的 William 是最終的決策者，但他們背後也有很多外來的資深顧問，幫助他們建立架構去有效管治整間公司。

初創企業遇到困難在所難免，Kelvin（右一）、William 及 Jenny 認為，最重要是團隊勇於表達意見，理性討論並尋找方向，令事情更有效率。

國際化的投資

醫結在創業初期已有天使投資者加入，William 的前上司、一間跨國保險公司的行政總裁，還有 Kelvin 的前老闆都有投資。「錢未必是最重要，但卻證明一些資深的老闆都對我們有信心。」Kelvin 説，這令他們信心大增。也因為業界前輩的加入，讓他們感到並非是孤軍奮戰，增加了他們的動力。之後，陸續有中東與內地的資金投入醫結，William 表示這些投資者有些是在創業比賽的場合遇到，有些是通過投資者之間介紹，都不是醫結主動接觸。他指有些投資者投資醫結前，可能已經觀察了他們數年，投資者都想看看這家公司是不是真的在做實事。

William 認為初創獲得第一批投資者最重要，因為初創失敗的個案很多，導致初創第一筆的投資往往都較難得到回報；所以，風險投資基金對投資初創更為謹慎。「城大 HK Tech 300 是很好的投資者，他們為初創企業帶來了機會，提供平台讓初企與投資者見面、認識，大家才有機會一起合作。」2024 年初，醫結在由滙豐投資管理領投的 A 輪融資中籌集了 685 萬美元，六年來他們已得到 1,270 萬美元融資。新的資金加入，讓他們可以進一步加強產品研究，目標是將理賠流程做得更好，進而令所有保險產品都可以做到自動化審批及理賠。他們表示公司的營運正朝着收支平衡方向發展，預計快將達到這個目標，所以現時會更多思考怎樣發展海外業務。

談到本地初創面臨哪些困難時，Kelvin 道：「還是人力、租金等營運成本昂貴的老問題。」他指出，面對這些問題時，都會令初創企業家提早了解是否適合繼續發展。如果能夠在這個環境活下來，其實生存能力是很強的。其次，一個七八百萬人口的市場始終有限，生意很難做得很大。「幸好香港作為一個國際城市，很多保險公司的總部都在香港開業；若果醫結的方案做得夠好，就很容易發展到不同的國家。」目前，醫結正於沙地阿拉伯與內地開展業務，經常和海外顧客交流、了解他們的痛點，把創新的解決方法積極地加進產品中，令產品愈來愈國際化。

人才的自我提升

醫結在過去幾年的經營裏，也經常面對營運資金不足的壓力，但這種情況他們已經習慣了。他們反而強調人才的壓力，有錢都未必聘請到人，市場上很多人在挖角。如何留下人才，是初創需要學習、解決的問題。初創的管理者未必有管理很多人的經驗，他們都要自我學習、進修。除了人事管理的技巧外，從事資訊業界的初創者也要持續進修技術，因為業界仍不斷出現新的技術，需要不斷學習認識，就算未必會親自應用這些技術，但對新技術有所了解，才能挑選合適的員工。Kelvin 强調：「不只是初創在挑選求職者，求職者也在挑選初創。」求職者有很多選擇，只有初創者和求職者處於同一地位，對方才會覺得自己找到了能發揮才能的公司，初創者才能挑選到合適的人才。

MediConCen 給初創新手的話

現在的初創已不再強調獨角獸，而是要做在沙漠上持續行走的駱駝。初創注定沒錢沒人，什麼資源都沒有，由一開始已經是一條苦路，所以初創者首先要心臟強大、意志堅定。最關鍵的要素是堅持和生存，生存就有希望，確定自己仍然在這條路上。另一方面，初創的路頗長，剛剛畢業的新人，應該多累積幾年工作經驗，並發展屬於個人的關係網絡。更重要的就是錢包，多累積一些本錢去支撐過寒冬。因為在遇到投資者之前，在用產品去證明自己能力的那段時間前，自己便是自己的最強後盾。

打造擴增實境手術室的

Syngular

2019 年，微軟推出第二代智能眼鏡 HoloLens 2，跟做手術有什麼關係？雲合科技（Syngular）創辦人兼行政總裁施君易（Louis）藉機開發相關的 AR 手術輔助軟件，「電腦掃描（CT）和磁力共振（MRI）的 DICOM 格式，經人工智能演算法的專利技術生成 3D 影像模型，呈現出骨骼、肌肉、器官、血管等細節……醫生進入手術室後戴上對應的智能眼鏡，就能清楚、快速地標示動刀的位置。」

提到 AR（Augmented Reality，擴增實境），總是讓人想起電子遊戲，就算閣下從來不碰電子遊戲，也應聽過掀起「散步熱潮」的 Pokémon GO。但這種科技進步，除了讓愛玩電腦遊戲的人更沉浸在數碼與真實交織的世界，對人類的幸福生活好像影響不大。那些 AR/MR（Mixed Reality，混合實境）立體眼鏡的應用，總是和日常生活遙不可及。不過，當 Syngular 把本來用於 AR 網絡遊戲的技術搬進手術室，就讓這個技術的應用更「貼地」一些。

等待硬件的新技術

用 AR 輔助手術的設想，來自 Louis 創立的另一間醫療科技公司的業務——將電腦掃描（CT）、磁力共振 MRI 等裝置拍下的醫療影像建模，用 3D 打印技術做成模型，讓醫生可以在手術前準備、練習。他說這些模型對手術很有幫助，但由收集原始數據到做好模型需時數天，較緊急的手術無法採用，同時打印成本並不會隨製作數量降低，這種打印模型的方式未必滿足到現時手術的效率要求。所以他一直留意有沒有更好、適用範圍更廣的 3D 模型技術。2019 年，微軟推出第二代智能眼鏡 HoloLens 2，相比上一代重量減輕了，而且效能都達到可用範圍水平。有了合適的硬件器材，他覺得可以嘗試開發相關的 AR 產品了。

Syngular 成立於 2021 年，並沒有一開始便製作產品，只是專注構想專利，過了一年才正式組成團隊開展工作。HK Tech 300 啟動時，Louis 正在城大就讀工商管理博士，校內的知識轉移處邀請他參加計劃，於是他順理成章報名，並成功獲得天使基金投資。他利用天使基金的 100 萬港元做了原型產品和初步的臨床概念驗證，靠這原型順利申請進入香港科技園公司的生物醫藥科技培育計劃（Incu-Bio），得到四年共 600 萬港元的資助。因為醫療器械軟件（software as a medical device）需要花很多資源取得相關認證才能推出市場，它相比起其他的初創資助較多、年期更長。

認證前的測試期

有了原型產品就可以找臨床醫生合作，把產品的功能展示給他們看。同時香港醫管局的 IT Innovation Office 也在尋找適合臨床使用的 AR 技術，通過一個展覽會的對接打開了跟醫管局的技術驗證機會。Syngular 由 2023 年開始提供 AR 產品給醫管局試用，試用期間進行除錯之餘，亦進一步構思新功能。「這個過程很重要，我們很幸運地在香港推出產品，跟醫生有很快速的溝通和驗證，讓產品可以快速迭代。」

人工智能解決痛點

Syngular 自行開發其核心技術並正在申請專利，同時他們也採用了一項城大授權的專利技術：一個自動分割前列線腫瘤的人工智能模型。腫瘤在人體出現的位置隨機，不像皮、肉、骨等組織密度不同，有清晰的界線。癌細胞和健康細胞一樣是軟的，醫生要分辨兩者並不容易。通過引入這項專利技術，就可以把分割過程自動化，最後由醫生驗證準確度即可。Louis 指這模型獨特的地方在於，只要通過輸入不同的數據，就可以學習辨認各種不同類型腫瘤。傳統 3D 打印或 AR 模型之所以貴，是因為每個病例都好像設計一個遊戲般消耗人力，自然成本高昂。用人工智能的自動化工具協助 3D 圖像前期的「內容製作」，讓使用過程變得快速簡單。

目前 Syngular AR 輔助系統主要在骨科手術上測試，「因為骨骼模型相對不會變形，將數據投影到病人身上時，基本可以吻合。如果是其他臟器手術，手術一開始，器官的形狀都變了。」Louis 說。選擇骨科除了有利產品早期測試，也因為骨科醫生比較熟悉 3D 打印技術。通過醫管局的協助，他們以一家公立醫院做試點，到現在已累積了數十個病例。他表示要解決醫療人手不足的困難，光是加大招聘很難有短期效果，只有利用科技。

城大知識產權應用

專利名稱：

Unsupervised Domain Adaptive Model for 3D Prostate Zonal Segmentation

城大專利編號：IDF no. 1066

專利發明人：　袁奕萱、郭小青

AR手術輔助軟件的核心

Syngular 的手術輔助軟件，把電腦掃描（CT）和磁力共振（MRI）的 DICOM 格式，經人工智能演算成彩色 3D 影像模型，呈現骨骼、肌肉、器官、血管等細節，並標示異常位置。醫生進入手術室後戴上對應的智能眼鏡，輔助軟件便把醫療影像疊加在病人身上，清楚、快速地標示動刀的位置。這軟件的用戶介面類似電子遊戲，用手勢或眼球便能控制，有遊戲經驗的醫生很容易上手。而 Syngular 基於遊戲引擎自主研發的 3D 自動分割建模技術，可以分辨皮膚、肌肉、骨、血管等較大的身體結構，將結構勾勒出來，醫生就可以與模型互動，而其影像的紋理、細緻、光暗等細節也較其他醫學虛擬影像方案豐富。醫生進行手術期間，也可即時查看手術規劃文件、掃描原圖等資料。

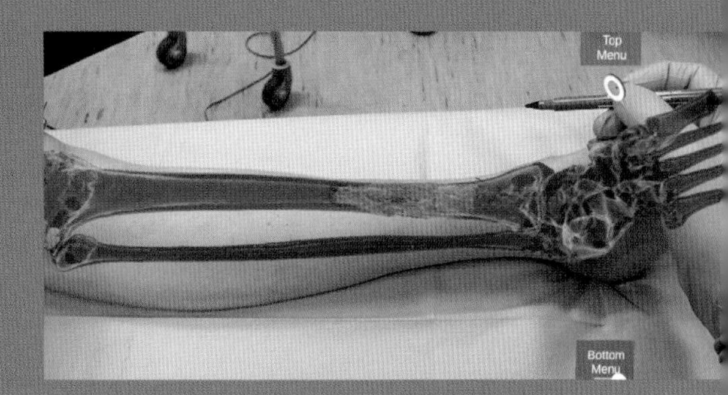

利用 3D 自動分割建模技術，將身體結構勾勒出來，
醫生就可以與模型互動。

利用人工智能自動重建 3D 病人結構模型，就減省了製作模型的人力。而 AR 輔助技術就加快了手術定位，骨骼切割和重建的流程。

多人協作的立體影像

Syngular 的技術團隊來自電競遊戲開發工作室，整個軟件系統使用遊戲開發原理和技術，來提升使用醫療 AR 技術的體驗。Louis 表示它們不是第一間採用智能眼鏡顯示醫療影像的公司，但相比起競爭對手專注在快速投影渲染圖像在 AR 眼鏡上，他們一開始已強調提供可精準觸摸、控制的立體影像，而不單單是一堆像素。要做到這點，除了硬件性能，他們也用了很多優化的算法，在固定檔案大小內顯示最多細節，延遲也做到最低，達到電競遊戲的體驗。

公司計劃推出這個系統應用於蘋果 Vision Pro 智能眼鏡的版本，而下一步更大的挑戰是要由單人發展到多人模式，而且可以在虛擬立體環境中互動。近年通過 Zoom 這類網絡軟件互動、遠程協作的工作模式，大家已經習以為常，但 Syngular 要做的不只是影像的串流，而是虛擬現實的串流，即分別在兩個或以上地方的參與者，都可以與同一個立體影像互動，身處不同地方的參與者也可以見到其他人如何與這立體影像互動。這樣除了可以輔

Syngular 採用智能眼鏡顯示醫療影像，醫生可精準觸摸及控制立體影像。

助手術，亦為教育培訓開了一道門。學生用這系統觀看手術直播，就不再是通過平面螢幕，而像是親身在手術室，旁觀手術過程，同時還多了 3D 內容幫助他們了解，是全新的學習體驗。通過這樣的串流系統，教學便不再受手術室大小限制，更多的學生可以觀察手術，多了很多訓練醫生的機會。而醫學院的市場，比手術室大得多。

Louis 指多人模式正是 Syngular 其中一個的特色，這也是競爭對手比較難匹敵的，暫時沒有太多可以支持多人協作的 AR 軟件。通過系統的視覺空間定位，參加者可以觀察到對方的手部動作，醫生可以知道對方的手法變化，工程師也可以遙距調整裝置。經營精密儀器的跨國公司，也可以通過這個技術，由資深師傅在遠程協助新手檢查、維修機器，可以解決很多問題，不用再支付飛往各國出差的成本⋯⋯應用場景遠不止於手術室和醫療行業。

開發新世界的遊戲專才

類似這樣的系統很多大學都想研發，但是從實驗原型到完成度很高的產品需要頂尖的業界人才，而頂尖的人才都被遊戲業界吸收了。Louis 由 2016 年開始已經在搜羅 3D 建模人才，後來輾轉遇到做遊戲開發的另外兩位創辦人，正是他們把電競遊戲的元素帶進目前的系統。2019 年得知微軟推動 HoloLens 2 AR 眼鏡，Louis 和兩位夥伴都覺得是時候去投入做產品。「他們做遊戲已經做到很頂級了，沒有太多的突破空間。但把同一套技術用在醫療影像和手術導航上，就有更大的影響力，他們也因此跟我一起追夢。」

一路走來的初創路

Louis 在本科主修工業工程，畢業後先是從事產品開發，之後進理工大學教書，在 3D 打印實驗室教 3D 建模、3D 打印。當時多數醫院、醫學院都沒有自己的 3D 打印機，都習慣去香港理工大學尋找 3D 打印服務。他說自己當時專門對接醫院的需求，快速累積了不少手術有關的案例，之後就自立門戶，創立自己的醫療影像 3D 打印公司。

他的博士論文專門研究企業創始人如何影響企業的表現，具體來說是研究「受不受教」這個質素，創始人願不願意繼續去學新東西、聽人的意見。有本書叫 *Trillion Dollar Coach* 是近年熱門話題，因為像 Steve Jobs 那樣的矽谷創業巨星，背後也有教練；Google、Amazon、Apple 通通都找過教練。Louis 指企業去到不同階段，都需要不同的幫手，一個人的人脈資源有限，而創業是需要不斷引進新的資源 。Louis 也指出，香港的初創企業

Louis 認為企業創始人一定要願意學習，不停地追求突破自己。

往往由全技術團隊發起，他們的能力和資源都比較重疊，好的創業導師往往可以建議他們如何構建更平衡的團隊，以及跟其他資源方溝通對接的方法，包括投融資人或企業合作方。很多公司都要經歷業務轉接才能取得成功，這對團隊的受教能力也有很高的要求。所謂「受教」不等於「聽話」，受教的人要清楚自己的能力，能分辨意見的好壞，並能對意見作出有效行動。除了初創者的學習能力，周圍的環境有沒有合適的教練提供是另一個問題。在矽谷創業的優勢在於他們的教練人才庫很大，不同行業的初創團隊都可以找到經驗合適的教練。而香港的初創始終剛剛起步，未必有這麼多不同範疇的教練。

HK Tech 300的重頭戲

有過不止一次創業經驗，也是香港大學和香港中文大學的校友，Louis 覺得相較於其他大學創業計劃，HK Tech 300 十分包容，鼓勵不同的持份者參與。另一方面，可以用較低的前期費用得到城大的特許授權也很重要。「得到授權後還要花時間研究其中的細節，才會知道可以怎樣應用，但沒有授權就不會知道其中的細節。」他説，通過 HK Tech 300，Syngular 還在 2023 年參加了日內瓦國際發明展，得到了評審團嘉許金獎。他説這次參展讓他們有機會登上國際舞台，而得獎對 Syngular 也是很好的宣傳。

還有被 Louis 稱為「重頭戲」的城大創新學院「研究生創新創業啟航課程」(GRIT)。他是第一批參加這課程的 HK Tech 300 成員之一，對這課程他讚不絕口。他說課程由來自新加坡的專業團隊負責，不但有全日的工作坊、顧問環節，更要準備向投資者提供的商業計劃、財務計劃等文件，從投資者的角度針對性地訓練學員。「他們會手把手，逐一教參加者做，很少有課程提供這些內容！」

Syngular給初創新手的話

很多人覺得初創的產品技術先進很重要，但很多初創不成功是因為他們對市場不熟悉，所以市場的觸覺同等重要。技術只是一半的答案，另一半是你的執行能力、做生意的能力。專注在你的專門知識，深入研究你有優勢的領域。不少技術問題，都可以讓人工智能幫你解決。

12

HK Tech 300 合作夥伴

慧科科創投資眼中的初創成功要素

Radiant

風險投資者在大學主催的初創計劃中，扮演着什麼角色？
慧科科創投資創始人及執行合夥人嚴震銘博士（Gordon Yen）指出，
「大學和政府孵化機構只能夠在初創團隊創立時，
為它們提供早期資金作科研及成立公司，但發展下來，
初創團隊需要更多的融資，就一定要和投資業界合作。
而創投的專業投資者不僅為初創企業帶來資金，也給他們帶來網絡和經驗。」

大學推動的創新創業計劃要成功，需要各方持份者的參與。尤其是市場上的專業風險投資者，將外部資金注入，才能讓已踏出頭幾步的初創企業繼續走下去。而他們帶來的業界視點，也是初創團隊了解市場的重要參照，其重要性毋庸置疑。然而，對於從學院走出來的初創團隊來説，這些投資者可能是最難溝通的評審。慧科科創投資是 HK Tech 300 的支持機構之一，其創始及執行合夥人嚴震銘博士有超過二十年投資各國科技項目的經驗，協助 HK Tech 300 評選、挑選初創項目，並積極參與其培訓活動。

風投成功五大要素

到底初創團隊的項目要得到風險投資者們的青睞，需要具備哪些要素？嚴震銘給出的答案是五大要素：團隊、市場規模、用戶痛點、商業模式和財務預算。首先是團隊。「初創企業大多是開發市場上尚未存在的產品或服務，過程中會面臨相當多的變數或困難，需要團隊找到解決辦法，克服很多難題。因為是新產品，解決困難的辦法往往也是前所沒有的，因此，團隊的能力、經驗和合作性顯得特別重要。」嚴震銘解釋道。

第二項是市場潛力或規模，其中又分為兩點：「首先是市場清晰度非常重要，初創團隊要清楚知道自己要進入怎樣的市場，才能明確知道自己應該怎樣設計商業機會。其次，市場規模也是關鍵因素。雖然不同行業對市場是否足夠『大』或會有不同的標準，但市場價值一定要足夠支撐客觀的商業價值，才能吸引風險投資者。」

第三，確定了市場後，就要找到目標用戶的痛點：「初創團隊要能夠説明用戶的痛點，以及他們的產品或技術如何解決這個問題，並了解市場上有哪些競爭者。」嚴震銘稱，即使市場上沒有成熟的同類產品，團隊都要了解世界各地的初創競爭者，做到知己知彼。要證明自己的產品更加優勝，並非指在科技上如何先進、突破，而是能夠從用戶角度出發，説明新產品針對解決痛點的成本效益有多大。

第四點是商業模式，指的是產品如何進入市場，並如何產生收入。初創團隊需要設計出如何推廣產品、收費結構，以及提供什麼樣的服務配套等相關方案，而方案要切合市場和用戶的需要。

最後第五點則是財務及融資計劃，團隊需要清楚定出開發期間需要籌集的資金數目，以及如何分配運用這筆資金，如技術人員薪金、第三方服務、推廣、產品成本等商品化的預算範疇。

院校與業界合作之重要性

對學術機構而言，推動初創計劃的目的，是希望將大學已有的科研成果轉化成為生產力。在這方面，風險投資者及創投市場

「初創」與「小生意」

今時今日談「初創」和傳統上做「小生意」有什麼分別？嚴震銘認為，最大的分別是，投資者對初創企業有期望，需要實現快速、甚至極速增長。若果一間公司做「小生意」，目標是用數十年時間發展成為大企業，那是非常傳統的創業模式。不同的初創企業有不同的情況，各自的市場潛在規模及其本身的性質，以及其策略是否能夠針對大量的目標客戶實現快速增長，都對吸引風險投資起關鍵作用。投資者評選初創項目時，都會考慮團隊的市場、產品，以及進入市場的方式，是否能夠實現快速增長，以及目標市場的規模是否足夠大。

嚴震銘有超過二十年投資各國科技項目的經驗，協助 HK Tech 300 評選初創項目，也是城大創新學院的特約教授，積極參與 GRIT 培訓課程。

在大學主導的初創計劃中，又扮演着什麼角色？嚴震銘表示，初創計劃需要有足夠的「容量」，才能夠積累一定數目的成功企業。因為初創企業做的都是創新業務，沒有先例可循，即使創業者可能很多，但成功率也相對較低。而成功與否靠的也不單純是技術，還有市場及其他因素。「面對如此低的成功率，就需要有足夠數量的初創企業成立，就像一個漏斗，頂部很寬闊，底部卻非常窄，因此必須要有足夠數量的企業進入。」他認為以香港的規模來看，每年應該要有過千間新成立的初創企業才足夠。

對於科研類的初創企業來說，學校固然是一個非常好的培訓基地，有相對充足的資源支持這些企業發展。但初創企業要成長為一個成功的企業，從種子輪到天使輪，再到 A、B、C 輪和大致收支平衡，需要很長的時間，快則五六年，長則十至十五年。在這個過程中，市場的波動，如疫情或金融風暴的出現，都可能會打亂初創企業的發展步伐。嚴震銘認為，商界和大學需要長期合作，互相補足。「像 HK Tech 300 這類項目，大學或政府機構只能夠在初創團隊創立時，為它們提供早期資金作科研及成立公司，但發展下來，初創團隊需要更多的融資，就一定要和投資業界合作。而創投的投資者不僅為初創企業帶來資金，也給他們帶來網絡和經驗，協助他們成長。」

作為教育和科研機構，大學本身在創投市場也有一定的角色。大學蘊藏着許多科研項目。以往這些科研和教學離商品化的距離有點遠，但近年來，通過政府的推動和大學自身的轉型，商品化這個概念已經進入了科研和教學的社群。大學可以提供良好的科研資源、專利技術，以至科研成果給創業團隊，還可以向科研人員灌輸營商和融資的基本知識，同時提供渠道或平台，以便這些初創團隊接觸到投資者。「大學很適合在這個過程中擔當這樣一個平台的角色。」

商品化最重要

作為投資者，嚴震銘坦言，為大學初創計劃評選項目，與風險投資公司實際投資一間初創企業是兩回事。「決定投資與否的標準，最主要就是商品化程度，即企業能否做生意，產品是否有收入。」商品化有不同的層次，投資者考慮的是投資能否獲得足夠合理的回報，而這回報來自於初創企業價值的提升。當企業價值提升之後，是否能夠「套現」也是重要條件。「職業投資人必須能夠『套現』，才算完成了一項投資。」而「套現」的先決條件就是，可以通過二級市場轉讓、收購合併以至上市來實現早期投資人的退出。當然，要達到這個情況，企業要有一定的規模和增長速度。

但若是為學校選擇一個投資計劃，情況就不完全相同，甚至不應該只看金錢回報，還應該要考慮社會責任等多個因素。嚴震銘補充：「初創企業能自負盈虧已經可視為成功，不一定要成為獨角獸。」一間企業可能無法在五至十年內為投資者提供回報，但可以找到生存空間，為香港社會創造就業機會和價值，貢獻香港社會。從學校的角度看來，這種企業都值得支持。但作為風險投資者，只能支持那些可以快速增長、在特定時間內有機會「套現」的初創企業。

HK Tech 300的成績

嚴震銘認為，HK Tech 300 在吸引風險投資者方面，香港市場的表現很理想，曝光率很高，接觸面也廣，但香港的風險投資市場畢竟規模未夠成熟。風險投資在香港的歷史不算長久，作為亞洲金融中心，香港市場一直忽視了風險投資的重要性。「香港以往不是一個重視初創、科技的商業體系，近年來，通過政府和學術界的推動，才使得初創和科技領域發展起來。不過，目前仍未夠時間和土壤去培養、容納足夠的投資基金。」

要進一步提升 HK Tech 300 計劃的吸引力及規模，嚴震銘認為應與亞洲區其他投資者加強聯繫，尤其是來自內地及亞洲其他地區，例如新加坡等初創投資氛圍較濃厚的地區的投資者。他認為在香港發展初創有一定優勢。「香港擁有開放自由的市場，容易吸引人才。同時，作為國際商業城市，香港在很多行業中的密度高，營運水平備受國際認可。像金融保險、醫療、養老、供應鏈及物流等香港本身已有的行業，都是開發新產品的好試點。」此外，香港稅制簡單、稅率相對比較優惠，加上香港八間資助大學提供充足的人才儲備，都是發展初創的優勢。「雖然香港的生產和營運成本較高，且市場有限，但可以把重點放在科研、市場開發和金融等方面，而人力需求較大的部分，則利用其他後勤基地來配合。另外，香港初創公司在成長至一定規模後，自然要拓展外地市場，這時，香港在全球貿易的豐富經驗和人才，將可以幫助初創公司『走出去』。」

要求嚴格的GRIT

嚴震銘創立的慧科科創長期以來一直與不同的院校合作，協助篩選團隊申請 TSSSU（大學科技初創企業資助計劃）或其他科研基金，從投資者角度給予意見。通過多年對 HK Tech 300 計劃的了解，他認為城大這次下了很大的決心，給予香港的創業市場長期的支持，「相對一次性的比賽或活動，一個長期且持續的項目更具意義和效果。」

除了 HK Tech 300，嚴震銘也參與了城大創新學院深化培訓初創團隊的研究生創新創業啟航課程（GRIT），擔任商業領袖角色。GRIT 課程由新加坡的專業培訓團隊，加上本地商界、投資及科創企業界經驗人士設計。這個計劃獨特的地方，在於它把來自不同業界的豐富經驗帶進校園，由於科研團隊一般都缺乏業界觀點和知識，這個計劃可以提高他們的成功機會。「這個課程在短時間內密集地引導團隊思考創業的各個要素，要求他們具備結構性的思維，能在有限的時間內有條不紊地表達他們的目標客戶、市場規模、商業計劃以及財務計劃。能夠做到這一點，即意味着企業對於自己創業計劃的每個關鍵要素都非常清晰。」

嚴震銘解釋，課程的目標是讓這些團隊去尋找足夠數量、且真實的目標用戶進行溝通和調研，以確保他們的商業計劃與市場需求更為相符。他補充道：「這個計劃要求非常高，絕不草率。參加者要在短時內完成眾多任務，經受多重考驗。」在這過程中，有些團隊或會發現他們的假設未必符合市場環境，或者存在不完善的地方，因此無法通過考驗。「個別的團隊被淘汰，都是因為在短暫的課程時間內無法與目標客戶充分溝通，或者沒有做好商品化的事前準備，但這並不代表他們的技術或產品失敗，因此這些所謂無法通過課程的團隊，還是有機會捲土重來。既然他們已通過了第一輪的選拔，説明他們本身的技術或產品已經具有一定的基礎。他們需要的是再花一些時間弄清楚自己的目標市場，思考自己的產品設計，或者重新考慮商業模式。」

嚴震銘直言，這些都是參加者覺得有難度的地方。「從事科研、產品開發的人，一定會有很強的信念，但初創企業家需要能夠接受來自第三方的挑戰。不能夠選擇性地只聽取贊同的意見，也要聽取相反的及批評的意見，然後重新考慮作出相應調整，這個是一個非常重要的過程。」

Radiant 給初創新手的話

對於初創的青年人來說，嚴震銘有幾點建議：第一，不要着急。初創的歷程雖然需要非常之快，但在追求快速增長和快速佔領市場的同時，不要忽視前期的準備工作，這一點不能操之過急，要做好足夠的部署，了解市場環境和競爭對手。第二，工作經驗有時候能夠幫助青年人更深入地了解市場。讀書做研究固然重要，但都不及自己「跳進去」親身經驗更直接。如果你未有完整的創業計劃但對某個市場非常有興趣，可以選擇用一兩年時間投入市場，通過真實經歷深入了解市場情況，並建立人脈網絡，然後再進一步探索創業機會。

13

為綠色出行打通最後一里的

LocoBike

共享單車是近年興起的綠色出行選項，但若然一架共享單車經常被置於人跡罕至之地，其實也是另一種浪費。

LocoBike 樂區踩創辦人兼行政總裁程俊豪 (Ken) 說：

「一輛看上去有型、有風格、很綠色的單車，一開始也是正碳排放的產品。綠色不綠色，關鍵是資源有否被善用？

有人踩、還是無人踩……」

單車是新界區居民日常出行的工具，不論是上學還是上班，很多人都以單車代步。「我們團隊的成員都在新界區成長，我由小學開始踩單車上學、放學，畢業後到第一份工作在科學園，因為家住大埔，平時也踩單車上下班。」Locobike 樂區踩創辦人兼行政總裁程俊豪（Ken）說。但居民每日行程未必單純點到點，若果下班後另有行程，就不能把車踩回去，第二天也就無法踩單車上班。

正是這種生活經驗，讓 Ken 和他的團隊相信，共享單車這種低碳微出行的服務有市場，而硬件、智能鎖、IoT 物聯網等技術也都成熟，於是在 2017 年底推出了 LocoBike。2018 年共享單車熱潮來到最高峰，有七間公司共享香港市場，他們面對白熱化的競爭。很快浪潮退卻，疫情襲來，包括外來業界巨頭在內的其他共享單車品牌都退場，剩下只有本地初創的 LocoBike。能笑到最後，他們靠的是靈活管理、適應環境，以及貼地的科技創新，方便了日常生活，也照顧了社會需要。

白熱化競爭的挑戰

LocoBike 是香港市場上第二間正式推出共享單車的公司，Ken 說他們採取比較親民的策略，不收按金，充值多少就踩多少。一開始他們在大埔區投放二百輛車，兩個月內已經收回成本，客戶不停地上升，令他們有信心去改善產品，也有資金可以持續下去。但短短幾個月市場環境劇變，香港市面上由不夠一萬輛共享單車，增長到有四萬多輛車，隨處亂放的單車對社會造成很大影響。

簽業務守則為建立可控模式

為了改變共享單車的負面現象，LocoBike 定期和運輸署開會，然後成為第一間和運輸署簽訂業務守則的共享單車公司。他們是香港團隊，成員都是技術出身，可以很快地去配合市場的變化，並成為第一間和政府對接系統的公司，運輸署可以即時見到他們旗下單車的行車位置，這樣就令政府有信心讓共享單車在一個可控的模式下慢慢發展。

Ken 指當時大家都不知道應該怎樣做，每次開會都在參考外國的情況。政府不想像新加坡那樣嚴格，要申請牌照才准營運，扼殺這個行業的發展；因而透過簽署業務守則、合作備忘錄（MOU）的方法來做規範。幾年來，由最高峰時每月三位數字與共享單車相關的投訴和交通黑點違泊，下降到每季度個位數投訴，證明他們的系統和團隊有在管理方面投放資源，而不只是投放單車，讓政府有信心。LocoBike 有自己的巡邏、物流團隊，而非像其他公司外判出去，這樣就可以掌控更多，管理得更細緻，團隊認為需要提供這些服務，讓共享單車的形象變得正面。

新的共享出行工具

步入第七年，LocoBike 正密鑼緊鼓籌備新服務 —— 共享電動助力單車 E-LocoBike；他們和 Shell 亞太區授權方合作研發的電動助力單車，時速 25 公里，有無線充電、IoT 物聯網系統，分個人版和共享版，可以用 App 去解鎖、定位……就像 Tesla 一樣。於內地和台灣的運作模式是在景區、園區、校區內做可控式共享可移動工具，區內會有光伏儲能充電的椅位，車不用時泊上去就可無線充電。這項合作由 LocoBike 提供硬件的規格、控制及管理單車的平台，業務發展則由 Shell 亞太區授權方的團隊推動，首先在成都落地，下一站計劃是台灣及日本。

香港特區政府自數年前起開展有關電動可移動工具的規管研究，這款共享電動助力單車的規格按照政府擬議的要求設計，目標自是要落地香港。Ken 指自政府提出研究規管，由諮詢小組到生產商，再到條例草擬，這車究竟適合在哪裏行走？產品規格如何去做認證？談了很久，他們一直都在推動這件事。有很多團體討論修例，LocoBike 參與其中是希望放寬一些要求，降低目前的門檻。批准電動助力單車上路有一些要求，重量、電力、各種認證，以及特別的功能，例如要讓相關部門可以執法——分辨到這輛車有沒有用電？是否用電時只能在限定區域內行駛，沒有用電就可以踩上馬路等等？

LocoBike 與 Shell 亞太區授權方合作研發的電動助力單車 E-Locobike，已在成都特定景區及校園區試行。

LocoBike 的共享單車設有電子圍欄技術，車輪中設一個鎖車裝置，令單車難以遠離特定區域。

電子圍欄定位技術

電子圍欄是通過移動裝置與手機基站連結的定位服務，來限制人或物體活動範圍的技術。LocoBike 的新一代共享單車，已經不用馬蹄鐵鎖車，而是在車輪中設一個鎖車裝置，配合 IoT 的精準定位，就可以控制單車運行的區域。當使用者踩出可使用範圍，會有語音指示他需要踩回去。若果不依指示，車輪中的鎖車裝置就會像拉緊煞車一樣鎖死。而電動助力單車因為有電，可以控制得更加精密即時斷電，當使用者踩出或泊出指定範圍，單車會發出語音提示並截斷電力，令單車難以遠離特定區域。

香港團隊的優勢

LocoBike 本來是和科學園區內一間做無線充電的公司合作，之後這間公司介紹了 Shell 亞太區授權方給他們。對方正好在去年開始要做 Green Mobility 的項目，結果一拍即合，因為他們所有東西都是現成的。LocoBike 是香港公司，已經有很成熟的應用程式，有 IOS、Android 平台，而 Shell 在內地接觸到的 e-scooter、電動助力車公司，所用的 App 都是微信小程序。而 Shell 不只希望在內地，其最終目的是在台灣、日本、整個亞太區推廣這技術，香港公司的優勢在於平台和世界更加接軌。而且 LocoBike 的控制系統容量更大、更穩定，他們正在管理一萬部單車，那些競爭對手的系統連上十部單車已經會出現遲滯……這就是他們的優勢。所以雙方一拍即合，合作推出電動助力車。

為了印證共享電動助力單車服務的可行性，LocoBike 和科學園合作了數期試行計劃，2023 年更自資和運輸署合作為期一年的「共享電動可移動工具試驗計劃」，在港鐵大學站至逸瓏灣約四公里的單車徑上，試驗共享電動輔助單車，並收集營運經驗和數據。LocoBike 這兩年也參與多了城市規劃或政策的過程，由元朗洪水橋南單車徑開始，到中環海濱、港島區 13 公里的單車徑，以及啟德區內接駁大型綠色交通運輸系統的微出行的設計，政府顧問團隊都邀請他們進入諮詢小組提供意見。他們還和香港大學合作，用攝像或熱感鏡頭，統計單車徑的流量。「希望政府能準確掌握到有多少人日常踩單車出行或遊玩，而不只是因入院紀錄獲得的單車意外數字。」Ken 續說：「補充了這些數字，可以讓政府制定單車政策，投放資源去做單車徑或是綠色出行的規劃。」

目前，LocoBike 註冊用戶有超過 50 萬人，每日有一萬多人靠它日常出行，上班下班。而根據運輸署的研究估算，全港有七至八萬人，約 1% 的人口，日常出行使用單車。當啟德和港島的單車徑啟用後，這個數字預計會上升。

碳中和源自最優調配

根據學術期刊論文 "Life cycle carbon dioxide emissions of bike sharing in China: Production, operation, and recycling"，一輛單車的碳排放，是由製造過程中每個零件開始計算。一輛看上去有型、有風格、很綠色的單車，使用年限為四至五年，一開始其實是正碳排放的產品。「綠色不綠色？最關鍵是有人踩、還是沒人踩、又有多少人踩。」可見善用資源才是綠色概念真正重要的一環。

邊做邊讀書

正因如此，能有效運用車隊是 LocoBike 在營運上一直致力完善的方向。正在香港城市大學攻讀博士學位的 Ken，其論文就是 LocoBike 的 IoT 車隊管理系統，應用人工智能做單車的日常營運管理。LocoBike 遇到的問題是，管理的單車數目由三百部升至一萬部，服務的區域由一兩個到現在十三個區域⋯⋯最困難是每天需要不停去評估數字，以掌握單車的使用情況、使用者的習慣有沒有轉變、以及有沒有新的泊點出現等。初期車少的時候，可以用人手管理；增加到三四千輛單車後，就不可能在一天時間內管理這麼多輛單車。「透過 IoT 車隊管理系統，可能是你（車隊管理員）踩一兩條街，已經將一輛沒有人用的單車（低需求地區）活化成一輛有人用的單車（調至高需求地區），也能處理亂泊的單車。這就是微調配，也是我在做的研究項目。」Ken 說。他的學術研究和公司業務一體，研究成果直接反映在公司業務的效率上。

初創之路資金壓力大

Ken 的本科和碩士分別在香港科技大學攻讀電腦工程和資訊科技，他說當時同學們都相信資訊科技可以改變世界，為人類作

人工智能車隊管理系統

以人工智能營運的 IoT 車隊管理系統，是根據歷史數據——以往人手調配的經驗、單車使用的數據、單車的使用量、用戶的使用習慣，以及地理環境數據，用機械學習的方法去估算：每一個區、每一個小時需要多少輛單車？有多少輛單車進去？多少輛單車出來？這裏所說的每一個區，不是將軍澳、大埔區等行政區域，而是據用戶的使用習慣，劃分的小區，單是將軍澳就分了三十幾個區。每個區都有自己的估算數字，究竟有多少車進、多少車出，從而讓他們可以用最低成本、最有效益的方法去調配這些單車。接下來的研究方向是，人工智能怎樣可以根據現有的數字，不用再每天去「讀」，直接提出預先規劃的路線，讓負責調配的人員巡邏時，知道當天需要重點關注什麼。

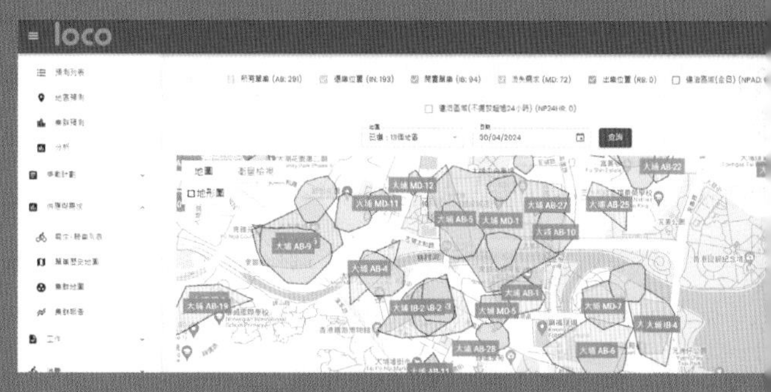

LocoBike 重視管理，採用的車隊管理系統，目的就是要了解單車分佈及使用情況，善用每輛單車，認真達到低碳出行的理念。

出一些貢獻，周邊的氛圍就是想究竟是在學時創業，還是畢業後創業？他畢業後第一份工作是為醫管局開發簽名加密系統，之後到 eBay 負責亞太區的平台開發，同事、同行間的氛圍也都是講創新、創科、創業，身邊更有同學到聖荷西參加初創比賽。離開 eBay 之後，他也開始在香港做初創，而 LocoBike 已是他第三個初創項目，之前兩個項目是有流量但賺不到錢的網上小店、活動平台。

LocoBike 面對慘烈的競爭能夠生存下來，還是因為他們把共享單車當一盤真正的生意去做，控制支出和收入，採取可持續的平穩發展的方向，靜待競爭者資金鏈斷裂退出市場。Ken 認為，在香港做初創的首要挑戰就是資金壓力很大。以往投資者可能會覺得你是初創，就算虧損都可能會有人投資，但現在真的要賺錢才會有投資者進來。創辦人的心態需要調整，不再是拿着一份 PPT 就融到資的時代，要更紮實才能起步。

加入HK Tech 300

當 LocoBike 的業務發展要引入人工智能時，Ken 開始想做這方面的研究，這時他遇到了林曉鋒教授。林教授不但是初創投資者，也是城大電機工程學系特約教授。他跟林教授分享自己的業務時，提及想攻讀博士學位，進而獲建議選讀城大。而入讀城大，也成為他參加 HK Tech 300 計劃的契機。

由共享單車到電動助力單車，LocoBike 團隊相信，電動助力單車這種低碳微出行的服務有市場，但要在香港全面落地，仍然需要時間修例。（左起：採購總監蔡偉成、營運總監何洪健、產品總監程俊莑；右三：主席及行政總裁程俊豪；右一：業務發展總監李泳姍）

Ken 說因為初創發展到一個階段，需要結合科研成份，而 HK Tech 300 正可以提供資源，令到他們可以聯繫學校的網絡，使用校內的實驗室，得到教授的支援和意見，讓公司真真正正與科研連結。他指可能因為已有成熟產品，LocoBike 一參加計劃就成功獲得 HK Tech 300 一百萬港元的天使投資，這對公司形象提升幫助很大。別人不會懷疑這間公司捲了錢就會走，城大是他們的股東，業務是紮實的，賬目有人審核，是持續營運中的公司。

HK Tech 300 早前於吉隆坡舉辦「HK Tech 300 東南亞大賽」啟動禮，Ken 也有隨團到當地交流，而這也是 LocoBike 海外發展所需要的。他說：「通過這些考察團去了解當地市場，遠較自己盲目摸索理想。那未必是馬上可以進軍的市場，反而有些地方考察完以後，你發覺可以遲一步才考慮，也是一個好的訊息，用以決定未來發展的先後次序。」

LocoBike 給初創新手的話

初創企業最關鍵的是有份堅持，但更重要的是你要在一些適當的地方堅持。你可能有些產品未能符合市場的預期，或者市場對這產品根本沒有需求，你有時要學會放棄、重組資源，再去研發一些新的產品推出市場。不要不停地執着於舊有不成熟的產品，或者沒有市場需求的產品。創業是一個不停失敗再來再試，再失敗再試，直至成功的過程。

反攻販賣機大國的和田便當

Wada Bento

利用販賣機賣熱的便當有多難？
和田便當行政總裁陳雋（Jason）說：
「原來市面上根本沒有這種熱食的販賣機。
去問日本人有沒有這種機器，對方覺得我們很瘋狂，
因為這樣熱着食物，機器有機會爆炸。」

在疫情期間成為坊間話題的便當販賣機——和田便當，以極速 17 秒買到熱騰騰的日式便當為賣點，為打工仔在「搵食」艱難的三年裏帶來一點安慰。普通人可能關心日籍主廚設計的菜色味道如何、白飯夠不夠熱？但其實這台機器最大的門道，正是如何把有溫度的飯盒送到顧客手上。經常去日本旅遊的香港人，也許會發現什麼東西都可以放進販賣機的日本，並沒有販賣預熱食品的機器。和田便當的團隊把機器做了出來，並把這項熱鏈販賣機的創新技術，反攻至日本這個販賣機大國。

從一餐午飯開始

和田便當行政總裁陳雋（Jason）稱便當機這門生意的出發點，純粹是由一餐飯開始。有一天他中午食飯時，在快餐店叫了一碗粥，結果等了 25 分鐘……令他想到，「可否有一部自助販賣機，按個鍵，十幾秒就有一個熱飯盒出來？讓上班族不用把近半的午飯時間花在等餐上？」而這時坐在他旁邊的，則是和田的另一位創辦人陳永志博士。由食一碗粥開始，經歷了一兩年，甚至更長時間的摸索，在 2019 年 6 月 6 日，Jason 成為和田便當的第一個正式員工，「當時沒有辦公室，就在香港城市大學的公共空間，用那裏的 Wi-Fi 和冷氣，一個人在那裏開始工作。」他笑說。

當時 Jason 正在城大讀 MBA，「讀 MBA 的人，會覺得只要做好商業計劃，找到人及資金，就可以開始做生意。」Jason 最初也以為只要設計好平台、解決方案，買機器回來，然後找中央工場煮食品，就可以開門做生意了。「但原來市面上根本沒有這種熱食的販賣機。去問日本人有沒有這種機器，對方覺得我們很瘋狂，因為這樣熱着食物，機器有機會爆炸。」於是他們要自己研發機器。怎知道原來所有環節都不對，為了研發機器，他要找代工、零件、供應商。每粒螺絲的傳感器、機電部件，都要獨立測試，親自管理。同一時間，他也在找食品工廠，「本來以為設計好菜式再找人代製作即可，結果發現這樣一來成本要五、六十元一盒。」找不到合適的工場，結果他們自己做起了廚房。Jason 說：「幸好創辦人之一的及川學是 City Super 的前總廚，當我們『走投無路』決定自己做廚房時，他放棄了五萬幾呎的廚房不做，和我們一起從 280 呎的廚房開始。」

攝氏60度的創新

還有一樣不對的就是沒有牌照。他們花了很多精力跟政府溝通，申請一個以售賣機銷售熱廚食物的許可證。這是一種全新的許可，沒有先例。最初政府要求提供來去水以清潔這部機器，但通電的機器，怎可能像洗車一樣洗呢？他們花了很多時間和政府溝通。最後以機器內部維持在攝氏 60 度，跟攝氏 4 度以下一樣，是保存食物的安全溫度，得到安全認可。同時，以特別的清潔劑，每天清理機器內部，還可以形成保護膜，做到消毒殺菌的功能，代替了用來去水洗的要求。「當未有先例的時候，怎樣去説服政府接受一件事，是做初創都會面對的問題。」Jason 説如果每個安裝地點都要有來去水設備，這生意就不用做了，販賣機不可能放在地盤、大堂、醫院這些地方。經歷過起起伏伏不同的問題，2019 年 11 月和田便當正式開張。

不只售賣機內要保持 60 度的溫度，Jason 還要確保食物在運輸過程中也保持 60 度以上的溫度。食物從廚房出貨的那一刻，已經放入他們自行研發的熱箱。在整個物流運送過程中，位置、溫度、濕度，在雲端都可以看到。這樣既確保食物的安全，亦能確保物流的透明性。餐廳老闆很容易知道飯盒的運輸情況。最後食物被送進熱鏈販賣機，確保不用再碰來碰去，顧客就可以拿到一盒飯。

找到新的痛點

Jason 從沒有想過自己要親自做廚房，自己煮飯。因為找不到外判工場，讓他在廚房工作了超過一年半。「早上六點四十五分，已經由火炭的家來到香港仔的廚房，就做到十點十五分，然後跟車運飯盒到銷售點。」他由做晶片設計，變成和廚房工人、廚師打交道，這經歷讓他明白餐飲業的困難，和田便當未來不僅是解決上班族的食飯問題，還會推動餐飲業自動化，解決經營上的困難。「以前在辦公室做項目管理，帶着百人團隊做晶片，但飲食業是一個完全不同的世界。人力很密集，人力密集不單成本高，還帶來很多管理的問題，和不同的人溝通，額外管理的成本其實很高。」團隊看到這個痛點，更加萌生為飲食業帶來更多自動化的想法。於是和田進一步演變成一個平台，不只解決終端客戶的問題，還能夠協助餐飲業，將食品銷售擴張到未必可以開設餐廳的地方，就像正在運作的地盤未能開設餐廳，只要有一部機器，就可以通過機器銷售熱飯盒給地盤工友。和田的生意模式由最初的 B2C，變成了 B2B2C。

經過近五年時間研發，和田便當在中、日、美三國，申請了九項專利。

進軍海外的學習曲線

過去三年，和田便當的熱鏈售賣機及其解決方案，先後打進越南、日本與澳洲的市場。「作為香港的初創，要打進日本市場是最困難的。」Jason 表示這個過程用了起碼兩三年的時間。早在疫情未爆發前，他們已運了一部樣機過去。日本人不停測試，同時找遍日本市面上一千五百個相關專利，結果跟我們的專利都沒有衝突，於是認同了我們的實力，還投資入和田便當。

熱鏈技術的難點

熱鏈技術難在什麼地方？在熱鏈售賣機內，所有機件都在做「桑拿」。當溫度達到 60 度以上，各種電子、機械零件的性能就急劇下跌。像市面上的普通磁石高溫會失磁，而各種傳感器都要用磁石零件，失磁後傳感器也就失靈。還有塑膠老化，售賣機裏面有很多塑膠推板，高溫之下用一個多月已經損壞。和田便當要發明自己的專利設計去解決問題。這機器就像是一個實驗，材料就是實驗的內容，還有系統的設計可以怎樣簡化，有沒有全新的思維去解決熱的問題。同時，熱鏈系統中的熱盒，是一加裝了 IOT 裝置的保溫盒，通過 IOT 可以直接通上雲端系統。而保溫盒背後有條線，通電之後就實現加熱功能。依靠這種熱盒，不需特殊車輛也可以 60 度運輸食物。

日本到處都有販賣機，卻原來並沒有販賣預熱食品的機器。和田便當的團隊把機器做了出來，並把這熱鏈販賣機的創新技術，反攻日本這個販賣機大國。

而要通過日本方面的認證更為困難，全中國地區只有兩間機構有資格發日本 PSE 菱形驗證牌照，而香港未有機構可以做。另外還有電磁波檢測，香港只有生產力促進局有一台足夠容納販賣機的大型機器，360 度轉動在運作的販賣機，接收每個角度不同的電磁波。同事在香港測試、想辦法除錯，再把結果通知在內地做驗證的 Jason。

和田便當現在和一家在大阪的便當集團合作，合作方式是對方作為客戶，由和田提供機器，然後抽取這平台的營業額若干百分比，作為使用費。最早進入的越南市場，則主要是通過共同投資者，借取投資者的網絡把機器帶去越南。澳洲則是另一個特別例子，由當地客戶找上門。澳洲餐飲業的痛點是薪金更加昂貴，最低工資大概是香港的二至三倍，周末或假期還要乘三，自動化對他們幫助更加大。和田將包括熱鏈、雲端的解決方案，打包成一個套餐，提供給這間位於柏斯的飲食集團。「從時間上對比的話，進入日本市場用了兩三年，進入澳洲市場連在地化，只用了一個月。」他說當機器正在海上運輸的時候，他們的團隊已經一邊解決當地的菜單、後台和 e-payment 的問題。

和田便當由 0 到 1 的初創階段很困難，去到澳洲市場算是 1 到 100 的階段。「澳洲是一個好的地區，只要有好的客戶，足夠的資金，我們完全可以去不同的地方。」Jason 相信，投資者會喜歡這個階段的初創公司，因為風險大大降低了，已經不再處於繼續做研發或者摸索市場的階段，而是已有現行、證實成功的技術，這個技術就好像複製檔案一樣，使他們有能力去擴大不同的市場。

從城大開始的創業之路

在 2019 年創業時，和田便當很早已獲包括日本風險投資在內的投資者青睞，又是什麼原因令他們選擇加入城大的 HK Tech 300？Jason 表示城大情意結是原因之一，回看在城大讀 MBA 是他自我成長的轉捩點。由一個設計晶片和從事工程管理的人，搖身一變管理自己的公司，處理會計、公關、人事等不同的範疇，城大的 MBA 為他奠定一個很重要的基礎。當時和田便當的團隊還處於思考、完善解決方案的階段。Jason 表示若不是城大的 MBA，讓他有機會親身參與在加州大學柏克萊分校的創業訓練，學到什麼叫「矽谷式初創」，這次創業一定注定失敗。

Jason 憶述和田便當當時雖然已過了將概念轉化為技術的階段，但仍處於另一個樽頸 —— 在疫情封閉的環境中，他們需要更多渠道、平台去接觸不同的生意夥伴、投資者。參加 HK Tech 300 之後，不單是獲得了一筆天使基金，更重要是給予了他們一個新平台，透過簡報、演講，推介他們的解決方案，從而

矽谷式初創？

「矽谷式初創」，是指初創公司要盡快推出第一代的產品，率先得到市場的反應和投資，再去完善下一代。2019 年 11 月和田便當開張時的第一代機器，簡單到連八達通支付也未做到。為了推廣這部機器和背後的商業模式，團隊在數碼港租下一個舖位，自己兼顧門市生意。顧客選了餐，按了飯盒出來，就到收銀機那邊付錢。目前的販售機已進化至第五代，除了內部設計的改進，為了銷售日本市場，第五代依據當時的售賣機法規，由第四代的 1.9 米高，下降到 1.8 米，這是預防地震災害的設計標準。因為高度改變，內部架構亦要重新調整。不同的國家和地區，也有不同的操作界面與支付平台，像日本市場就對實體按鍵有堅持，澳洲就流行像掃 iPhone 般的操作方法。

創業初期以為做好商業方案就能成事，然而最後卻是由研發機器開始。

得到更多的機遇。首先是喚起共同投資者投資的關注，這些投資者不只帶來金錢上的投資，更帶來不同的渠道、教他們完善技術，甚至改善簡報技巧。其中 HK Tech 300 的共同投資合作夥伴薈港資本三次投資和田，亦帶給和田多方面的幫助，包括現在和田進入的日本市場，這些都促使他們的發展去到一個新的階段。

和田背後的人

在和田便當的門市網頁上，有一個品牌故事，其中提到「和田先生」是 Jason 在日本求學時的恩師。和田先生對他有什麼影響，讓他把創建的企業以老師命名？Jason 說他最早在浙江大學入讀著名的工科混合班，四年級時去了北海道大學做交換生，在那裏認識了信息科學系的和田充雄教授。和田教授給他很多機會，令他一個外地生一年內發表了三篇論文，然後被推薦到東京大學讀電子工程碩士，也就是製造晶片。可惜的是，和田教授未退休已經不幸病逝，未能見到以他命名的溫暖便當。

Jason 畢業後一直在晶片公司做項目管理。而和田的五人核心團隊中，技術總監陳永志博士（Stephen）和首席工程師伍昇（Eric）都是他的舊同事，負責推銷合作方案的丘國威（Kenny）則是他在城大 MBA 的同學。至於總廚及川學，則是因為他曾留學日本，是香港日文圈子的一員，所以認識到及川。他回憶起遊

三年間，和田便當的熱鏈售賣機及解決方案，先後打進越南、日本（上）與澳洲（下）的市場。每個市場都有不同的需要。和田將包括熱鏈、雲端的解決方案，打包成一個套餐，提供給這間位於澳洲柏斯的飲食集團。

説及川加盟的過程，在第二次開會做簡報時，Jason 給對方一個選擇，「左邊是一部車，右邊寫着熱鏈的未來。我問他，你選這部車，還是選擇熱鏈 —— 食品科技的未來？」結果及川想都沒有想，就指向右邊。簡報完，及川和 Jason 一起搭朗豪坊那條很長的電梯，去到旺角地鐵站。及川從地鐵站的提款機取了一疊錢出來交給 Jason，説這是他投資這間公司的訂金。就像拍電影一樣，「他不寫支票，真的按了一疊錢出來投資這間公司！」

Wada Bento 給初創新手的話

創造一個團隊非常重要。通常初創團隊都有一個特質，就是有一股傻勁。團員可以很聰明，但不可以太精明，他們通常都不懂得怎樣去計較。團隊正是憑藉這股傻勁，去做好一個產品。

15

HK Tech 300 合作夥伴

薈港資本重視管理的精準投資

Gravity

風險投資者就是為取得高回報而投資初創？
薈港資本有限公司行政總裁林曉鋒，既是大學特約教授，
也是投資者，他希望把正能量帶進「從 0 到 1」的初創生態圈，
用「成功與否，責任在我」的想法，
反轉投資思維。

推動初創企業的發展，「官產學研」合作是離不開的話題，像 HK Tech 300 這樣的創新創業推廣計劃，就有着數十個來自政府和業界的部門、機構、企業及投資者作為合作夥伴，還有很多業界成員以各種不同的身份參與其中，但要數同時身兼初企創辦人、公職人員、工程師、大學教師和風險投資者等多個角色於一身，不得不提薈港資本有限公司行政總裁林曉鋒教授。薈港資本既是 HK Tech 300 計劃的共同投資合作夥伴，他個人也扮演創業導師的角色，甚至有參與團隊的成員是他在城市大學電機工程學系指導的博士生，從多個不同的角度參與了這個計劃。有着由下至上豐富創科經驗的他，是怎樣看「政產學研」合作和 HK Tech 300，又有怎樣的投資心得？

橫跨政產學研各界

和林曉鋒談初創，要從他博士尚未畢業，就創辦了港科研（Sengital）説起。學生創業的過程，他在二十多年前就經歷過。他説自己的職涯規劃最初是想向學術發展，只是讀到碩士班時，因為主修機械與自動化工程的課早在本科已被他修完，所以他去外系修讀了一個今天很流行的虛擬現實（VR）課程，這啟發到他發明虛擬滑鼠、虛擬鍵盤的想法。這個想法令他決定留港讀博士，只用了一年就做出虛擬鍵盤的原型。期間，他既參加各種論文比賽，也參加了多個創業比賽，並贏得了多個冠軍獎項，之後在美國參賽並代表香港首次贏得該比賽，「這證明了工程學院的學生也可以創業。」當之前參加科技展認識的投資人肯支持他創業時，他就選擇未畢業即創業，一邊寫畢業論文，一邊寫商業計劃。七月博士課程剛畢業，八月一號就正式在科學園上班。

港科研是香港科技園公司早期「科培計劃」的成員，自 2004 年加入至今已經 20 周年。在港科研經營五六年後，林曉鋒開始投身公職，為創科局、教育局服務。先在創科局任 ITF（創新及科技基金）的委員，及後亦加入了不同的研究院，現時則是 LSCM（物流及供應鏈多元技術研發中心）的主席。他表示 14 年來看過的審批項目範圍很闊，不同學科的科研都有機會接觸、學習，一直對大學科研成果如何落地轉化為商品這議題深度參與。

天使投資者

在經營初創和擔任公職的同時，林曉鋒開始以天使投資者的身份做不同項目的投資。「當時我在科學園有自己的餐廳，基本上每天下午都在那裏和不同的初企創辦人見面，三年半時間看過數百個項目。」那幾年讓他對於初企的投資生態，和他們面對的問題有最前線的理解。那段時間，他投資了十幾間初企，對個人能力的微弱有感而發，了解到投資還是需要有金融機構參與。後來他遇到一批希望運用金融力量支持創科、支持年輕人的師兄，他們想投資初創，又想找一個熟悉科技、熟悉創業生態的人，幫忙檢視項目中的科技元素，就像是做審批撥款的角色，於是雙方一拍即合，他既做審批也加入為股東，一同成立了薈港資本（Gravity），透過這個基金平台投資初創。

共同投資的良性互動

薈港資本是 HK Tech 300 的共同投資合作夥伴，雙方的合作要和林曉鋒與城大的淵源説起。林曉鋒自 2011 年起已在城大電機工程系任客席教授，及後為學系教授物聯網科技相關課程。到 2021 年 HK Tech 300 啟動，他成為其中的審批委員，並領導薈港資本作為 HK Tech 300 的第一個共同投資合作夥伴，與 HK Tech 300 共同甄選並投資合資格的天使項目。林曉鋒稱：「開始的時候，一方面是想協助大學的科研成果轉化；另一方面，從投資的角度看，那些天使項目屬於最早期，多一些機構共同參與投資，可以分散風險，並從不同角度協助初創成長。」薈港資本目前已經支持了 7 個項目。他指有些項目經 HK Tech 300 結識後，薈港都不止於一次投資，如薈港便向和田便當投放了三次資源。他説與這些項目之間，建立了良好的生態系統。「作為投資人投資了一個項目，我會叫項目負責人申請 HK Tech 300，加入這個社群。另一方面，在 HK Tech 300 計劃中發現好的項目，薈港又會注入投資，帶起項目。」所以薈港資本與城大的合作是雙向的，既是「城大出項目，薈港出錢」，也有「薈本出項目，雙方一起出錢」，是一個很好的互動。

學與研並重

LocoBike 樂區踩就是薈港資本找來的項目。林曉鋒指其創辦人程俊豪接觸薈港資本時正遇到瓶頸，雖然在激烈的競爭中生存下來，但公司的 IT 系統容量已到極限，他正尋找方法擴大投放單車的規模。林博士建議引進人工智能，用機器來管理。程俊豪覺得這是未來曙光，很想利用人工智能，便提出跟他做這方面的研究。於是 LocoBike 創辦人就成為城大的博士生，之後更申請加入了 HK Tech 300。「他一直把研究用在自己的生意上，一點都沒有浪費。他很熟悉自己的業務，明白他到底要些什麼，我就提供算法和建議，做一個教授該做的事。」林曉鋒直言自己不是一般的教授，而是生意經驗豐富的教授，懂得怎樣運用算法，幫助公司營運賺錢，成功與否的 KPI 其實是營業額……兩人用城大師生的角色，把不被看好的共享單車生意，利用科技成功升級轉型，做到有上市的計劃，是政府、業界、大學及科研界合作的示範。

林曉鋒説，政府推動科研一直不遺餘力，只是過去是採用鼓勵、輔助的方式，而如今則是政府牽頭，聚集不同的政府部門支持整個城市「創科大挑戰」，在氛圍營造、資源投入上推動「政產學研」的協作。他説以投資界的身份參與 HK Tech 300 的初心是支持城大，而支持城大正是發揮「政產學研」——這個很好

香港創科發展

香港特區政府推動政產學研的模式已經二十多年，首任特首董建華當年決心促進香港經濟轉型，甫上任便成立「創新及科技委員會」。林曉鋒指，1998 年政府委任已故前加州大學柏克萊分校校長田長霖教授，帶領專家團隊為回歸後的香港規劃創科界發展，後來也根據田教授研究報告的建議，成立創新及科技基金，及成立創新科技署，專責推動香港創科發展，也撥款建設香港科學園、數碼港、香港應用科技研究院等大型科研基建，改變了以往政府只資助基礎研究的做法。「政產學研其實是由當時開始。」

的合作模式。城大以六億計的資源幫助整個初創生態圈，從實現教育理念的角度看是一定贏。但風險投資又要如何贏呢？

以附加價值決定投資

林曉鋒指風險投資者過去那種「天女散花、雨露均霑」式的投資理論已經過時。「投資初創，可能一百個項目，一個都沒有跑出，那就死得很慘了。」他認為要處理這些風險，投資機構一定要有附加法則，在自己專長的領域下功夫，了解項目可不可行。而他則把一種逆向投資思維帶進 HK Tech 300 中，「作為投資機構，薈港是以自己有沒有附加價值賦予項目來決定是否投資。」

林曉鋒希望把正能量帶進從 0 到 1 初創生態圈，不再是「用最便宜的價錢取得最多的股份，在最短的時間得到最大利益」那一套傳統投資思維，而是用「成功與否，責任在我」的想法，反轉投資思維。他們的「精準投資」模式，是要能夠幫助項目增值才會投資，把項目失敗視為投資者的責任，而非向創辦人問責。「我不投資你的公司，是因為我幫不到你，不是你有問題。」出發點不同，心態和關係也改變了。當創辦人經常被投資者猛烈抨擊時，他們則用鼓勵和欣賞的態度去支持初創者艱苦的創業旅程。

精準投資的重點

「精準投資」的重點有三：首先是心態。林曉鋒說：「我們真心尊重創辦人，而非要在他們身上謀求利益，所以定位和心態就是跟他們同一陣線，而非平時的那種對立面。」因為共同進退，創辦人自然會認真對待他提出的建議、把握他提供的機會。第二點是薈港有能力為初企技術升級，總之他們需要什麼技術，都有辦法找到解決方法；第三點的要求最務實，評估成功與否只看純利。「見了多少個客戶、落實了多少張合約、簽了多少意向書都是『假』的，有多少錢賺回來，這些錢能否蓋過你的工資，才是真的。」

林曉鋒不諱言，很多投資人經常叫初企融資，因為這樣投資者才能離場。但他認為，「融資賣股票即是賣血，如果不夠資金而融資，等於在沙漠口渴時，挖開傷口喝自己的血。」只有擴大規模、打開新市場的需要，賣血才有價值。很多投資者靠一輪又一輪融資離場，這樣做是着眼短期回報，而薈港注重長線投資，絕不揠苗助長，「我們是根據這種思維，與投資的團隊合作。」

管理是重點

「精準投資」模式不在於只重視篩選項目，而是之後的管理。當他們選擇了一個項目，後續就要照顧這個項目。薈港甚至推出培訓計劃「薈港學院」，專門幫這些團隊做好生意。林曉鋒強調：「我只有一個 KPI，就是純利，收入也不是。」所以得到薈港投資的 HK Tech 300 初企，變相有兩個體系的培訓支持。

林曉鋒説他的初創訓練很關注三個重點：第一點，賺的第一塊錢是誰給的、什麼時候拿到。他強調要盡快拿到第一塊錢，但不是靠融資，而是要靠客戶。第一塊錢是收入，客戶欣賞你的產品、服務，真金白銀給的收入。第二點，要「燒」了多少錢才到達收支平衡點。這個過程愈短愈好。很多人説初創靠融資，但一走入融資的循環，就不容易做到收支平衡。融資應是在接近收支平衡或者收回投資成本時才進行。還有第三點，回本期有多長。收支平衡不是真的賺錢，因為還沒有回本。很多人忘記了回本期，拿了融資的錢之後就不理了，直到上市才回本，這個概念不對，可不可以早一點呢？他認為健康的創科生態圈應有附加價值，要創造效益。他不斷教導學生以上三點的重要性，要他們明白到「靠賣血去融資，推高公司價值是虛的。」否則會像某些獨角獸一上市就崩潰，連 A 輪投資者都要虧錢，其實就是因為不斷融資這個炸彈爆炸。

走向正循環的初創生態

對於城大成立創新學院，林曉鋒稱之為「高瞻遠矚」的決定。他指城大創新學院開辦的課程就是專題式學習，在他學生年代這叫做「活動教學」，其實做研究都是專題式學習，只不過學術研究、寫博士論文其實是在找全世界從來沒有人想到、或解決到的問題；解決不了就不能畢業，跟初創一樣，風險同樣十分之高。所以教授、博士生根本是最優質的初創人才，那為什麼這些人創業成功率不高呢？他以自己的創業經驗分析說，「成功率低是因為有後路，有時置諸死地而後生，反而能夠成功創業。其實每個博士生都經歷過這個場景，不同的地方是這次場景不是在學術上，而是做生意。」

HK Tech 300 孕育了很多很好的團隊，林曉鋒深信未來能培育更多「今日之星」。

林曉鋒指HK Tech 300過去幾年孕育了很多很好的團隊，他認為未來將會更加突出質素。經過了一段時間，HK Tech 300很多項目有足夠的時間和一定的資源，讓他們發揮。他期望看到很多「今日之星」，像之前提及的LocoBike、和田便當都有上市的計劃。「我認為這是政產學研成熟的時候，收成期不遠了。」他說，當有些投資項目上市，讓投資者可以離場賺錢，正正是一個正循環的開始。「投資者賺到錢，又會繼續投資，培育下一批成功的項目……在政府層面來說，孕育到一次正循環，整個培育初創計劃就可以持續發展下去。」

Gravity 給初創新手的話

有興趣創業的青年人不要等，應該馬上坐言起行。更要把握今天的機遇，政府、大學、不同的人正對創科大力支持。只要有興趣、肯苦幹，就會有資源，失敗率會大大減低，很易步向正循環。

附錄

HK Tech 300

「創科無限 引領未來」

HK Tech 300是2021年3月由香港城市大學舉辦的大型創新創業計劃，為年輕人提供多元教育、自我增值的機會。計劃期望在三年內，可創造出300間初創企業（截至2024年6月，HK Tech 300計劃已培育超過700支隊伍），同時亦透過年輕的創業者，將城大的科研成果及知識產權轉為實用的產品或服務，將城大成果投放於社會當中，所以計劃除了歡迎城大學生、校友和研究人員，同時歡迎有意使用城大知識產權創業的人士。

申請資格

只要你是香港城市大學的學生、校友、研究人員，或是應用城大的知識產權的創業者，便可以參加HK Tech 300計劃。

城大知識產權

香港城市大學致力於科研研究，範疇覆蓋各學科，在知識產權、專利和技術方面作出不同的貢獻，城大希望可以將這些研究成果投放於社會當中，造福社會，所以歡迎創業者與城大合作，應用城大的知識產權，參與HK Tech 300的同時，將研究成果投放於社會上實施。有興趣了解更多城大知識產權及專利的研究，可查閱「HK Tech 300」的網站。

四階段培訓發展期

計劃由招募開始，分為培訓期、播種期、培育期及發展期，為參加者鋪設一條完善的創業大道。

I. 招募

設有資訊講座及聯繫聚會，幫助參加者找到志同道合夥伴，組成項目團隊。

II. 培訓期——價值HK$10,000的資助培訓課程

計劃會為參加者提供價值超過港幣一萬元（以每隊計）的培訓課程，讓項目團隊學習如何從零開始踏上創業之路、怎樣發展一個商業計劃，以及如何做一個好的簡報（pitch）。

　　完成培訓後，通過甄選的項目團隊可申請城大 HK Tech 300 種子基金，並進入「播種期」。截止 2024 年 5 月，計劃已完成了 14 輪的招募及培訓資助。第 15 輪的申請時間，可查閱「HK Tech 300 的網站」。

III. 播種期——HK$100,000的種子基金

參加者可申請城大的 HK Tech 300 種子基金，每隊成功申請的項目團隊可獲得港幣十萬元，助團隊把創新的意念轉化成為初創公司。當 6 至 12 個月的資助期結束後，合資格的團隊可獲推薦申請高達港幣 100 萬元的 HK Tech 300 天使基金。

截至 2024 年 5 月，種子基金已完成了 14 輪的資助，計劃一年設有四次報名，同時接受對上一次未能成功報名的團隊重新報名，下一輪的申請時間，可查閱「HK Tech 300」的網站。

IV. 培育期——HK$1,000,000的天使基金

在培育期間獲甄選的初創公司，每間最高可獲港幣 100 萬元的天使基金投資，讓初創公司得以發展，及驗證初創公司的營運模式。下一輪的申請時間，可查閱「HK Tech 300」的網站。

V. 發展期——HK$10,000,000其他基金資助

為了團隊可獲更多資源以推動項目的成功，培育期完結時，獲天使基金投資的初創公司，可獲推薦申請其他高達港幣一千萬元的外來基金資助，進一步發展成為創新科技企業。可供申請的資助項目包括創新及科技基金（ITC）的「大學科技初創企業資助計劃（TSSSU）」和「研究人才庫（Research Talent Hub）」，以及由香港科技園公司（HKSTP）、香港數碼港管理有限公司（Cyberport）、以及其他策略夥伴和支持機構設立的不同培育計劃。

創新創業千萬大賽

HK Tech 300 發展至今，為年輕創業者提供最為實用的專業知識和資金的援助，在多個地區和領域上皆有耀眼的成績；並繼而進一步推向全國、乃至東南亞地區發展，讓城大科研成果以及創科推動至國際層面，同時回饋社會，推動世界各地的創科發展。

HK Tech 300全國創新創業千萬大賽

為了促進香港與內地的科創合作，實行「以賽促創」，城大於 2022 年將計劃推至全國，舉辦「HK Tech 300 全國創新創業千萬大賽」（全國千萬大賽），目標是將城大研究成果延伸及應用於內地，至今已有九個內地賽區。

HK Tech 300東南亞創新創業千萬大賽

因全國賽區的順利推行，城大於 2023 年 5 月在吉隆坡啟動「HK Tech 300 東南亞創新創業千萬大賽」，旨在推動東南亞的初創企業拓展業務至香港及內地，同時協助香港的初創企業開拓東南亞市場，並吸引海外創科人才來港。

透過與當地夥伴大學和初創培育機構合作，最終有超過 100 間初創企業報名參與賽事，十間來自五個東南亞國家和香港的優秀初創企業脫穎而出，各獲得城大 HK Tech 300 大型創新創業計劃最高 100 萬港元的天使基金投資。

城大創新學院

香港城市大學於 2024 年 1 月成立香港首間創新學院 ——「城大創新學院」，與校內不同學院和學系，以及各地政府和業界夥伴緊密合作，並由大學相關學術部門的教授及業內資深、具投資經驗的專家擔任課程導師，提供一系列本科、碩士及博士創新創業課程。

所有課程皆會透過「HK Tech 300」計劃，促進官、產、學、研及社會各界合作，以持續培育年輕的科研人員成為創業家，孵化深科技初創企業，以發展國際領先的創科生態系統。

哲學博士（創新創業）

屬研究生課程，讓博士生在創新驅動的領域上進行研究，並強調科研成果的實際應用、將解決方案申請為知識產權和專利，為現實世界帶來正面影響。

理學碩士（創新創業）

課程旨在為剛畢業的學生、有志創業和在職專業人士提供全面的知識和技能，以助成功創業。本課程以創業體驗為基礎，通過 HK Tech 300 項目的廣泛活動及強大網絡，為學生提供與創新創業生態系統中各類持份者聯繫的寶貴機會，並為學生提供相關技能的培訓，將初創構想轉化為可行的商業項目，並協助有志創業者開拓海外及中國市場商機。

學生更可通過使用城大的知識產權、科研成果及技術支援，強化產品的核心技術。

研究生創新創業啟航課程（GRIT）

課程由資深工商業家及創業家，提供一對一的密集指導，引導研究人員及研究生運用其科研成果，創建和發展深科技初創。

海外初創企業實習計劃（STEP）

課程向經篩選的城大本科生提供獨特機會，於全球頂尖科創企業及機構實習，以獲取寶貴的實踐經驗，同時可擴闊視野，接觸全球多樣化的初創生態系統。

詳細的課程資訊，可查閱「城大創新學院」的網站。